Nejmeddine Bahri

Encodeurs vidéo : implémentation temps réel sur des systèmes embarqués

AF209449

Nejmeddine Bahri

Encodeurs vidéo : implémentation temps réel sur des systèmes embarqués

Implémentation temps réel d'un encodeur vidéo H264/AVC HD sur des DSP multicœurs et migration vers la norme HEVC

Presses Académiques Francophones

Imprint
Any brand names and product names mentioned in this book are subject to trademark, brand or patent protection and are trademarks or registered trademarks of their respective holders. The use of brand names, product names, common names, trade names, product descriptions etc. even without a particular marking in this work is in no way to be construed to mean that such names may be regarded as unrestricted in respect of trademark and brand protection legislation and could thus be used by anyone.

Cover image: www.ingimage.com

Publisher:
Presses Académiques Francophones
is a trademark of
International Book Market Service Ltd., member of OmniScriptum Publishing Group
17 Meldrum Street, Beau Bassin 71504, Mauritius

Printed at: see last page
ISBN: 978-3-8416-3746-8

Zugl. / Agréé par: Paris, Université Paris-EST, Paris., 2015

Encodeurs vidéo : implémentation temps réel sur des systèmes embarqués

Implémentation temps réel d'un encodeur vidéo
H264/AVC HD sur des DSP multicoeurs
et migration vers la norme HEVC

Dr. Nejmeddine Bahri

Résumé

La migration vers la résolution HD de la plupart des applications multimédias visuelles a nécessité la création de nouveaux standards de compression vidéo tels que le H264/AVC (Advanced Video Coding) et le HEVC (High Efficiency Video Coding). Ces standards sont caractérisés par des hautes performances de codage en termes de taux de compression et qualité vidéo par rapport aux normes précédentes. Cependant, ces performances entrainent de grandes complexités de calcul ce qui rend difficile d'assurer un encodage en temps réel pour la résolution HD sur des processeurs monocœurs programmables qui sont les plus répandus. De plus, comme actuellement les systèmes embarqués sont de plus en plus utilisés dans diverses applications multimédias, concevoir une solution logicielle embarquée pour l'encodeur H264/AVC constitue ainsi un défi très difficile puisqu'il faut répondre aux exigences de l'embarqué au niveau des ressources matérielles comme la mémoire et de la consommation d'énergie.

Les récents systèmes embarqués dotés de la technologie multicœur représentent une solution attractive pour surmonter ces problèmes. Dans ce contexte, ce travail s'intéresse à exploiter la performance de la nouvelle génération de DSP multicœurs de Texas Instruments pour concevoir un encodeur H264/AVC embarqué de résolution HD fonctionnant en temps réel. Nous visons une solution logicielle, caractérisée par une forte flexibilité, par rapport aux IPs existants, qui permet de tout paramétrer (qualité, débit etc). Cette flexibilité logicielle permet aussi l'évolutivité de système en suivant les améliorations de codage comme la migration vers la nouvelle norme HEVC, partiellement abordée dans ce manuscrit.

Nous présentons ainsi les diverses optimisations appliquées que ce soient algorithmiques, architecturales et structurelles afin d'améliorer la vitesse d'encodage sur un seul cœur DSP avant de passer à une implémentation multicœur. Ensuite, nous proposons des implémentations parallèles de l'encodeur H264/AVC sur différentes unités de calcul en exploitant le parallélisme potentiel au sein de la chaine d'encodage afin de satisfaire la contrainte de temps réel tout en assurant une bonne performance de codage en termes de qualité vidéo et débit binaire. Nous étudions également le problème d'allocation des ressources (ressources de calcul, ressources mémoire, ressources de communication) avec de fortes contraintes temporelles d'exécution. Finalement, cette thèse ouvre la voie vers l'implémentation de la nouvelle norme de codage vidéo HEVC sur deux systèmes embarqués monocœurs dans le but de préparer une solution logicielle embarquée pour les futurs travaux de recherche.

Mots-clefs : encodeur vidéo, H264/AVC, implémentations parallèles, DSP multicœur, temps réel, HEVC, systèmes embarqués

Video encoders : real-time implementation on embedded systems

Real-time implementation of H264/AVC high definition video encoder on multicore DSP and migration to HEVC video standard

Abstract

The trend toward HD resolution in most of visual multimedia applications has involved the emergence of a large number of video compression standards such as H.264/AVC (Advanced Video Coding) and HEVC (High Efficiency Video Coding). These standards are characterized by high coding performances in terms of compression ratio and video quality compared to previous standards. However, these performances come with large computational complexities which make it difficult to meet real-time encoding for HD resolution on the most common single-core programmable processors.

Moreover, as embedded systems have become increasingly used in various multimedia applications, designing an embedded software solution for the H264/AVC encoder represents another difficult challenge since we have to meet the embedded requirements in terms of hardware resources such as memory and power consumption.

The new embedded systems with multicore technology represent an attractive solution to overcome these problems. In this context, this thesis is interested in exploiting the performance of the new generation of Texas Instruments multicore DSPs to design an embedded real-time H264/AVC high definition video encoder. We aim a software solution, characterized by high flexibility that allows setting all parameters (quality, bitrate etc) compared to existing IPs. This software flexibility allows also the system scalability by following the coding enhancements as the migration to the newest HEVC standard.

Thus, we present the algorithmic, architectural, and structural optimizations which are applied to improve the encoding speed on a single DSP core before moving to a multicore implementation. Then, we propose parallel implementations of the H264/AVC encoder exploiting the multicore architecture of our platform and the potential parallelism in the encoding chain in order to meet real-time constraints while ensuring a good performance in terms of bitrate and video quality. We also explore the problem of resources allocation (computing resources, storage resources, communication resources) with hard execution time constraints. Finally, this thesis opens the way towards the implementation of the new HEVC video coding standard on two embedded systems in order to prepare a software solution for future research.

Keywords : video encoder, H264/AVC, parallel implementations, multicore DSP, real-time, HEVC, embedded systems

Table des matières

9

Table des figures

Liste des tableaux

Introduction générale

Problématique

Aujourd'hui, les processeurs embarqués occupent la majorité de nos systèmes multimédia tels que les caméras intelligentes, les Smart TV, les Smartphones, les systèmes de vidéosurveillance etc. En outre, l'avènement de la technologie de caméras numériques a encouragé le développement de diverses applications de traitement d'images et vidéo à haute définition (HD). Ainsi, l'utilisation d'un encodeur vidéo avec une performance de compression élevée devient indispensable afin de réduire la quantité de données à transmettre ou à stocker, minimiser le coût de stockage et compenser la limitation de la bande passante de transmission. Le standard de compression H264/AVC [1] représente l'un des encodeurs le plus performant en termes de codage vidéo. Il est développé par les deux organismes internationaux de normalisation l'ISO/IEC et l'ITU-T [2], caractérisé par une meilleure efficacité de codage par rapport aux normes précédentes. Il assure un taux de compression deux fois plus élevé avec le même niveau de qualité vidéo. Toutefois, cette efficacité est le résultat d'une grande complexité de calcul nécessitant une capacité de traitement à haute performance pour répondre à la contrainte d'encodage en temps réel (25 à 30 frame/seconde). En outre, cette complexité est encore multipliée en utilisant la résolution HD, ce qui rend plus difficile de répondre aux exigences d'encodage en temps réel. Diverses solutions ont été proposées afin de réduire la complexité de l'encodeur vidéo H264/AVC. Certaines appliquent des optimisations algorithmiques pour quelques modules d'encodage suite à un profilage temporel de l'exécution. Parmi ces algorithmes, on peut noter les approches d'estimation de mouvement rapide, d'intra prédiction rapide ou bien les algorithmes de décision de mode rapide. En général, ces approches améliorent notamment la vitesse d'encodage mais en contre partie, une dégradation de la qualité visuelle et une augmentation de débit (bitrate) sont observées. D'autres propositions optimisent cet encodeur avec des accélérateurs matériels en profitant de la technologie VLSI et le grand nombre de portes logiques implantées sur les derniers FPGAs. D'autres exploitent les architectures de processeurs multithreads, multicœurs afin d'exploiter le parallélisme potentiel de l'encodeur H264/AVC. Dans le cadre de ce travail, une autre approche est proposée afin d'optimiser l'encodeur H264/AVC. Elle combine plusieurs niveaux d'optimisation :

algorithmique, structurelle, architecturale ainsi que l'exploitation du parallélisme au sein de cet encodeur. Nous profitons de la technologie multicœur de systèmes embarqués afin de paralléliser le traitement de données et aboutir à un encodeur embarqué de haute définition (HD) entièrement paramétrable fonctionnant en temps réel. Les DSP multicœurs les plus performants de Texas Instruments (TI) sont utilisés pour paralléliser le processus d'encodage. Ces processeurs sont caractérisés par une forte puissance de calcul avec une faible consommation d'énergie. Ils comportent plusieurs unités de traitement qui communiquent à travers une mémoire partagée ce qui réduit le coût de communication entre eux. La contrepartie est l'éventail des optimisations qui doivent être explorées et exploitées pour optimiser au maximum l'implantation des calculs de l'encodeur H264/AVC, l'étude de la complexité de cette famille de processeurs innovants et les techniques de partitionnement adéquates à adopter pour paralléliser le traitement de données.

Objectifs

L'objectif de ce travail est de concevoir un encodeur vidéo H264/AVC embarqué de haute définition caractérisé par une bonne performance d'encodage en termes de qualité vidéo et débit de compression. Cet encodeur doit fonctionner en temps réel 25 f/s pour la résolution HD en se basant sur une implémentation parallèle exploitant la dernière technologie de processeurs DSP de Texas Instruments. Nos objectifs sont détaillés comme ceci :

- Développer un encodeur vidéo H264/AVC de haute performance d'encodage fournissant une bonne qualité HD avec un faible débit.

- Appliquer une approche d'encodage parallèle qui garde la même performance d'encodage que l'algorithme original ainsi qu'elle supporte un nombre variable de cœurs de traitement (générique).

- Créer une implémentation multicœur efficace qui donne une bonne accélération selon le nombre de cœurs utilisés.

- Utiliser une approche méthodologique qui permet de réutiliser l'ensemble de ces travaux pour l'implantation de la nouvelle norme de codage vidéo HEVC sur des nouvelles architectures. Il est donc important que les travaux présentés puissent être réutilisés.

Organisation du mémoire

Ce manuscrit comporte cinq chapitres. Il commence par une introduction générale et se termine par une conclusion.

Le premier chapitre détaillera les différents types de parallélisme ainsi que les architectures parallèles existantes. Nous introduirons les différents systèmes de traitement parallèles que ce soient pour les processeurs généralistes ou bien embarqués. Nous présenterons l'ensemble des architectures disponibles aujourd'hui : multiprocesseurs, multicœurs et Hyper-Threading. Enfin, nous étudierons différents outils d'aide à l'implémentation sur ces architectures.

Le deuxième chapitre présentera le standard de compression vidéo H264/AVC. Les différents modules seront définis et spécialement les modules d'estimation de mouvement et l'intra prédiction. Un état de l'art sur le parallélisme de cet encodeur sur différentes plateformes sera aussi étudié. Nous verrons différentes techniques de partitionnement de l'encodeur H264/AVC ainsi que les approches appliquées tout en discutant les résultats obtenus pour chaque implémentation.

Le chapitre 3 mettra en valeur notre méthodologie d'implémentation de l'encodeur H264/AVC sur un seul cœur DSP TMS320C6472. Nous détaillerons les différentes optimisations appliquées afin d'améliorer la vitesse d'encodage et ainsi obtenir une implémentation monocœur bien optimisée qui sera le point de départ pour notre implémentation multicœur. Des optimisations structurelles et matérielles sont appliquées afin de profiter convenablement de l'architecture interne du DSP. Une optimisation algorithmique pour le module d'intra prédiction est aussi proposée afin d'accélérer la procédure de décision du meilleur mode de prédiction tout en gardant la même performance d'encodage en termes de qualité vidéo et débit de compression.

Au chapitre 4, nous détaillerons notre méthodologie d'implémentation multicœur de l'encodeur H264/AVC. Des implémentations parallèles basées sur un partitionnement de données sont détaillées. Les approches « GOP Level Parallelism » et « Frame Level Parallelism » sont exploitées pour paralléliser le traitement et accélérer l'encodage. Deux plateformes multicœurs : le DSP TMS320C6472 comportant 6 cœurs de 700 MHz et le DSP TMS320C6678 avec 8 cœurs de 1 GHz sont exploités pour assurer un encodage haute définition en temps réel. Des optimisations sont appliquées pour les deux techniques de partitionnement afin d'atteindre plus d'efficacité en termes d'accélération et réduction de latence. Une plateforme de démonstration d'encodage vidéo est aussi présentée. Cette réalisation prend en compte l'acquisition des images à partir d'une caméra HD, puis l'encodage parallèle par le DSP et enfin l'envoi du bitstream sur un réseau pour le sauvegarder dans un fichier ou le décoder sur une autre machine.

Finalement, le dernier chapitre présentera notre premier essai d'implémentation de la nouvelle norme de codage vidéo HEVC (High Efficiency Video Coding) [3] sur des systèmes embarqués. Nous présenterons brièvement la chaîne de codage vidéo HEVC en citant les améliorations et les avantages de ce codec par rapport à la norme H264/AVC. Nous détaillerons la méthodologie d'implémentation monocœur de l'encodeur HEVC sur deux plateformes de même fréquence de processeur :

BeagleBoard-xM et le DSP TMS320C6678. Différents systèmes d'exploitation embarqués (Linux Angstrom, Linux-c6x et le SYS BIOS) sont utilisés pour assurer l'implémentation de cet encodeur sur ces plateformes.

Chapitre 1

Les systèmes de traitement parallèle

Dans ce chapitre, nous présenterons les différents types de parallélisme ainsi que nous détaillerons les différentes architectures parallèles existantes. Vu le développement des processeurs actuels, nous mettrons l'accent sur les architectures multiprocesseurs, multicœurs et multithreading pour les systèmes généralistes et les systèmes embarqués. Nous décrirons les outils et les environnements actuellement utilisés pour achever une implémentation parallèle optimisée qui respecte l'architecture et les contraintes de l'algorithme.

1.1 Introduction

De nos jours, pour assurer le confort des consommateurs dans plusieurs domaines tels que le multimédia, la sécurité, l'aéronautique, la robotique, le médical ; les applications développées sont devenues de plus en plus complexes. Le traitement séquentiel de ces algorithmes sur des processeurs monocœurs devient incapable de répondre aux exigences du temps réel. Actuellement, nous avons atteint les limites au niveau d'augmentation de la fréquence de processeurs monocœurs ainsi qu'au niveau du pipeline. En effet, le problème d'échauffement, la difficulté de conception et de vérification, les limites techniques et le coût élevé ont poussé à trouver d'autres solutions pour surmonter ces difficultés, d'où l'idée de penser au parallélisme qui consiste à traiter plusieurs instructions, données ou tâches d'une façon simultanée. Ceci a mené au développement des nouvelles architectures de traitement parallèle : multiprocesseurs, multicœurs et Hyper-Threading. Plusieurs niveaux de parallélisme sont exploités au niveau des instructions, des données et des tâches (threads). Cette nouvelle technologie a touché les systèmes généralistes et aussi les systèmes embarqués. Pour faciliter la gestion des unités de traitement et la synchronisation entre eux, différents outils que ce soient des bibliothèques ou bien des environnements ont été développés. Ces outils permettent de mieux utiliser le parallélisme offert par les ressources matérielles en fonction du parallélisme potentiel des algorithmes.

Dans ce contexte, ce chapitre donne un aperçu sur les différents types de parallélisme ainsi que les diverses architectures parallèles avec leurs avantages et leurs inconvénients. Nous mettrons l'accent sur les systèmes multiprocesseurs, multicœurs et Hyper-Threading. Ensuite nous présenterons les différents outils disponibles pour l'aide à l'implémentation optimisée d'algorithmes sur des architectures parallèles.

1.2 Les différents types de parallélisme

Il existe différents niveaux de parallélisme, chacun possède un mode de fonctionnement adapté à une architecture bien déterminée.

1.2.1 Parallélisme au niveau des threads

Cette solution consiste à décomposer l'application en sous programmes indépendants qu'on appelle des threads puis exécuter ces threads en parallèle sur différentes unités de traitement. La décomposition de l'application en threads est un problème logiciel. Ce genre de découpage peut être effectué par les programmeurs ou bien par des compilateurs. Au niveau de nos langages de programmation, il existe certains mécanismes qui permettent de partager l'algorithme en des threads indépendants exécutables en parallèle selon la disponibilité du matériel. Dans certains cas, les nouveaux compilateurs évolués peuvent se charger de ce travail. Les systèmes qui s'adaptent avec ce type de décomposition sont les systèmes multiprocesseurs ou bien multicœurs. Ainsi, le partitionnement de programme en threads dépend du nombre de cœurs ou de processeurs disponibles pour qu'on obtienne un parallélisme efficace.

1.2.2 Parallélisme au niveau d'instructions

L'idée est non pas de découper le programme en sous programmes qu'on pourrait exécuter en parallèle mais de paralléliser le programme au niveau de ses instructions. Donc, un seul processeur exécute plusieurs instructions d'un même programme d'une façon simultanée. Pour cela, il faut avoir des architectures spéciales qui pourraient tenir compte ce type de parallélisme. Ainsi, les concepteurs ont développé certaines techniques qui permettent au processeur d'exécuter plusieurs instructions simultanément mais non pas dans l'ordre prévu par le programmeur tel que le pipeline, l'Out Of Order ainsi que la création des processeurs superscalaires.

1.2.3 Parallélisme au niveau des données

Le principe consiste à exécuter le même programme sur des données différentes et indépendantes. Ainsi, N données peuvent être exécutées simultanément sur N unités de traitement (processeur, cœur). Toutes les unités traitent le même programme mais chacune sur une donnée différente. Ce parallélisme est caractérisé par une très grande scalabilité mais n'existe pas dans toues les applications. Actuellement, la majorité des processeurs possède des unités dédiées pour ce type de traitement appelé SIMD (voir ci-dessous). Elles s'appellent SSE chez Intel, Neon chez ARM etc. Enfin, les processeurs graphiques (GPU) sont entièrement conçus pour exploiter le parallélisme de données.

1.3 Les différentes architectures parallèles

Selon les différents types de parallélisme, il existe diverses architectures parallèles. Selon la taxonomie de Flynn (1966) [4], quatre catégories d'architectures existent. Ces catégories sont classées selon le type d'organisation du flux de données et le flux d'instructions.

1.3.1 SISD

Cette architecture désigne les processeurs purement séquentiels qui ne sont capables que d'exécuter une seule instruction sur un ensemble de données d'où le nom de Single Instruction Single Data. Cette catégorie correspond à l'architecture de Von Neumann.

1.3.2 SIMD

Les architectures SIMD (Single Instruction Multiple Data) comportent plusieurs unités de calcul qui peuvent exécuter une instruction sur plusieurs données d'une façon simultanée. C'est le cas des derniers DSP (Digital Signal Processor) qui possèdent un jeu d'instruction capable d'exécuter une instruction sur des données différentes ainsi que les unités SSE et Neon de processeurs Intel et ARM. N'oublions pas les cas des cartes graphiques et les processeurs vectoriels qui comportent plusieurs unités de calcul permettant de lancer un calcul massif sur un nombre important des données.

1.3.3 MISD

Les architectures MISD (Multiple Instruction Single Data) sont rarement utilisées. Elles peuvent exécuter plusieurs instructions en parallèle pour une seule donnée en utilisant plusieurs unités de traitement.

1.3.4 MIMD

C'est la catégorie la plus intéressante. Les architectures MIMD (Multiple Instruction Multiple Data) comportent aussi plusieurs unités de calcul exécutant en parallèle des instructions différentes sur des données différentes. C'est le cas des plateformes multiprocesseurs et multicœurs. Il faut cependant étudier les différentes techniques de communications entre les unités de calcul. On distingue ainsi deux grandes familles : les communications par mémoire partagée et les communications par passage de message que nous allons les détaillées dans la section 1.6.

1.4 Les systèmes généralistes parallèles

Après avoir vu les différentes architectures parallèles, nous présenterons ici les diverses technologies de traitement parallèle pour les systèmes généralistes. La notion de « multi units » devient une syntaxe universelle et indispensable dans la nouvelle technologie de processeurs ; par conséquent, la notion d'un processeur unique devient très rare. L'évolution de la technologie de gravure sur silicium a mené à l'apparition des nouvelles architectures parallèles plus évoluées. Nous allons présenter trois types de systèmes parallèles : les systèmes multiprocesseurs, les systèmes superscalaires dotés de la technologie Hyper-Threading et les systèmes multicœurs. Tous ces systèmes sont adaptés à la technologie multithreading. Ils peuvent être aussi rassemblés ensemble dans un même système.

1.4.1 Les systèmes multiprocesseurs

Les systèmes multiprocesseurs sont apparus en 1960 avec les systèmes mainframe haut de gamme. Ils sont composés d'au moins deux processeurs intégrés sur la même carte mère. Ces systèmes sont adoptés pour augmenter la scalabilité de traitement et dans le but d'adapter le système à la complexité du problème traité, c.à.d. offrir plus de puissance de calcul.

Si tous les processeurs du système sont identiques, on parle alors d'un système multiprocesseur symétrique. Chaque processeur possède une mémoire cache privée et tous les processeurs sont interconnectés par un bus de données à la mémoire centrale et aux périphériques comme l'indique la figure ci-dessous. Un seul système d'exploitation gère l'ensemble des ressources matérielles et softwares. Les applications multitâches (multithreads) sont fortement accélérées grâce au parallélisme de traitement.

Pour tirer profit des capacités des systèmes multiprocesseurs, le noyau du système d'exploitation doit être fondé sur le concept de thread. Plusieurs facteurs limitent la scalabilité de systèmes multiprocesseurs tels que les conflits d'accès au niveau matériel (bus), logiciel (système d'exploitation) et aussi le problème de la mémoire centrale qui reste un goulot d'étranglement qui limite l'extensibilité de ces systèmes malgré l'utilisation de la technique de la mémoire cache. Pour cela, il est indispensable d'utiliser des mécanismes de verrous pour gérer les conflits d'accès aux ressources.

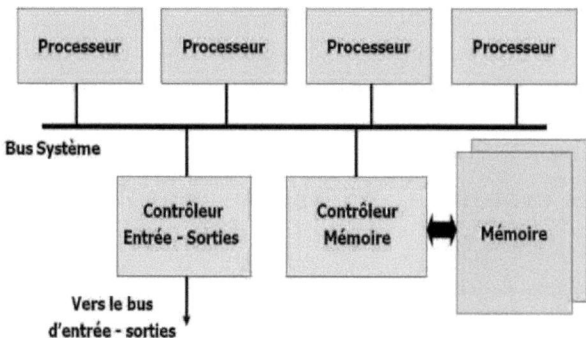

FIGURE 1.1 – Architecture multiprocesseur

1.4.2 Processeurs superscalaires et technologie Hyper-Threading (HT)

Les processeurs superscalaires sont capables d'exécuter plusieurs instructions simultanément parmi une suite d'instructions. Ils comportent plusieurs unités de calcul et ils sont capables de détecter l'absence de dépendances entre les instructions et de les exécuter en désordre. Cette technologie évite de modifier les programmes pour exploiter le parallélisme : le processeur détecte lui-même les instructions pouvant être exécutées en parallèle. Cette technologie a été conçue pour accélérer le déroulement d'un thread et elle a été entendue pour permettre d'accélérer plusieurs threads simultanément d'où le nom SMT (Simultaneous Multi-threading). Intel lui a donné le nom de l'Hyper-Threading [5]. Elle garantit une utilisation plus efficace des ressources de processeur en exécutant simultanément les threads sur un seul processeur comportant au moins deux unités logiques de traitement. Un thread principal est exécuté. S'il n'utilise pas toutes les unités de calcul, alors le processeur recherche dans un second thread des instructions qu'il peut exécuter sur les unités restantes.

Actuellement, la plupart des processeurs mettent en œuvre la technologie Hyper-Threading tels que les processeurs Pentium 4, Intel i3, i5, i7 et les processeurs de IBM. Cette technologie est limitée par deux facteurs principaux :

- Le degré de parallélisme réel dans le flux d'instructions, à titre d'exemple, un nombre limité de parallélisme au niveau des instructions.

- La complexité de contrôle de dépendances associé à l'application et le coût de l'ordonnancement.

1.4.3   Les systèmes multicœurs

La technologie multicœur est apparue en 2001 avec le premier processeur d'IBM POWER4, puis en 2005 Intel et AMD ont lancé leurs processeurs multicœurs sur le marché d'ordinateurs personnels. Cette technologie consiste à graver au moins deux unités de calcul (cœur) sur une même puce de silicium dans le but d'augmenter la puissance de calcul sans augmenter la fréquence d'horloge, et donc de réduire la dissipation thermique par effet Joule. Dans la majorité des cas, les cœurs d'un processeur multicœur sont tous identiques d'où le terme de multicœurs symétriques comme les processeurs multicœurs d'Intel. Dans d'autres cas, on peut mettre plusieurs processeurs assez différents sur la même puce. On peut utiliser un cœur principal avec des cœurs plus spécialisés autour ; d'où le nom de multicœurs asymétriques. A titre d'exemple, on cite le processeur CELL d'IBM et OMAP de Texas Instruments.

Les processeurs multicœurs ont une architecture MIMD, ils peuvent exécuter en parallèle plusieurs threads sur différentes données. Chaque cœur dispose d'une mémoire cache privée. La communication entre les différents cœurs se fait à travers une mémoire partagée. La communication à travers une mémoire partagée peut engendrer certains problèmes de synchronisation et cohérence de cache. Pour cela, le matériel se charge de fournir quelques instructions pour faciliter la communication ou la synchronisation entre les différents cœurs (interruptions inter-processeurs, utilisation des Mutex, des sémaphores etc).

La technologie multicœur pourrait être combinée avec la technologie SMT (Hyper-Threading) afin de fournir plus de performance. Ainsi un processeur Quad cœurs doté de la technologie Hyper-Threading peut exécuter 8 threads en parallèle tels que les nouveaux processeurs multicœurs Nehalem d'Intel [6].

1.5   Les systèmes embarqués parallèles

Actuellement, l'utilisation de systèmes embarqués augmente de plus en plus. Ces systèmes sont intégrés dans la plupart de nos appareils électroniques. Miniaturiser un système, économiser l'énergie et assurer le confort sont les principaux facteurs menés à l'utilisation de plus en plus des systèmes embarqués. Ils sont utilisés dans diverses applications tels que la télécommunication, les réseaux d'infrastructure, multimédia, défense, sécurité, imagerie médicale, l'informatique à haute performance etc. Les Smartphones, smart caméra, smart TV, les systèmes de surveillance, les consoles de jeux sont tous basés sur des systèmes embarqués. En parallèle, les applications deviennent de plus en plus complexes ce qui rend difficile de satisfaire les contraintes de traitement en temps réel sur des processeurs embarqués monocœur de faible fréquence.

Exploiter la technologie multiprocesseur et multicœur rend ces systèmes plus performants et capables de répondre aux exigences. Grâce aux nouvelles générations de processeurs embarqués multicœurs, les développeurs peuvent désormais concevoir plus facilement des plateformes intégrées, économiques, de faible consommation et dont les logiciels peuvent être mis à niveau, pour des applications de haute performance. Dans cette section, nous présenterons quelques systèmes embarqués multiprocesseurs et multicœurs.

1.5.1 Les DSP multicœurs

Les DSP (Digital Signal Processor) sont des microprocesseurs optimisés pour exécuter des applications de traitement numérique du signal (extraction de signaux, filtrage, etc.) le plus rapidement possible par optimisation de l'exécution des opérations d'addition et de multiplication. Les derniers DSP sont basés sur une architecture VLIW (Very Long Instruction Word) et un jeu d'instruction SIMD. Ils sont caractérisés par une puissance de calcul importante avec une consommation d'énergie faible en comparaison avec les processeurs généralistes ainsi qu'une flexibilité de programmation. Ils sont conçus pour le temps réel. Ils peuvent gérer des nombreuses entrées-sorties grâce à leurs unités DMA (Direct Memory Access).

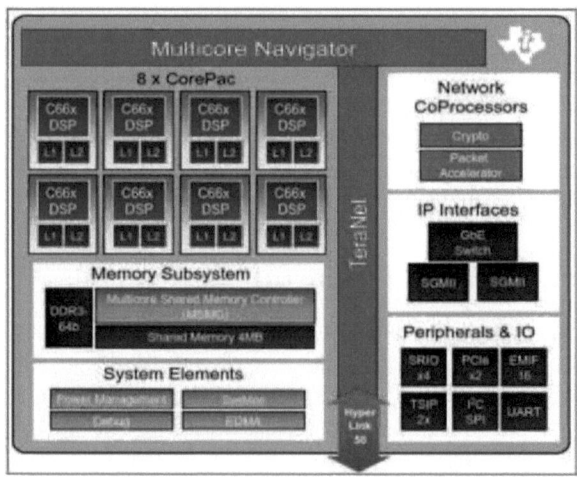

FIGURE 1.2 – Architecture du DSP TMS320C6678

Texas Instrument (TI) est parmi les entreprises les plus connues dans le domaine de fabrication des DSPs avec Analog Device et Freescale. En 2010, TI a dévoilé son nouveau DSP, le TMS320C6678 [7] offrant ainsi les DSP multicœurs les plus performants du marché. Conçu avec 8 cœurs DSP cadencés à 1,25GHz, TI propose le premier DSP 10 GHz avec des performances à virgule fixe et flottante. Chaque cœur dispose de deux mémoires locales L1 et L2 comme l'illustre la figure 1.2. Une partie de L2 peut être configurée comme cache. La communication entre les différents cœurs se fait à travers une mémoire partagée interne « Shared Memory » ou externe « DDR3 ». TI fournit plusieurs outils tels que le kit de développement des logiciels multicœurs (MC-SDK) pour aider à la programmation multicœur.

1.5.2 Processeurs ARM multicœurs

Les processeurs ARM, fabriqués par la société britannique ARM (Acorn Computers Machine) qui est spécialisée dans le développement d'architectures 32/64 bits de type RISC (Reduced Instruction Set Computer), sont devenus dominants dans le domaine de l'informatique embarquée, en particulier les tablettes électroniques et la téléphonie mobile. Ces processeurs ont une architecture relativement plus simple que d'autres familles de processeurs et sont caractérisés par une faible consommation. Dernièrement, ARM a proposé son microprocesseur le plus récent Cortex-A72 lancé au début de l'année 2015 [8].

Le processeur Cortex-A72 est un microprocesseur multicœur supportant une architecture 64 bits et possédant un jeu d'instructions ARMv8-A avec un pipeline superscalaire permettant l'exécution out-of-order. La fréquence du processeur peut atteindre 2,5 GHz. Ce processeur est 3,5 fois plus performant que l'ancien Cortex A15 de 32 bits. Le Cortex-A72 peut être couplé à un ou à plusieurs cœurs Cortex-A53, permettant d'allier la puissance du A72 avec la faible consommation du A53 comme le cas de la plateforme CoreLink CCI-500 [9]. Ces processeurs supportent divers systèmes d'exploitation tels qu'Android et Linux pour ARM.

1.5.3 Les FPGA

Un FPGA (Field Programmable Gate Arrays) [10] est un circuit intégré contenant un nombre important de blocs logiques librement reconfigurables. Chaque bloc peut être configuré pour réaliser une fonction de base. En configurant un FPGA, le circuit interne est connecté pour créer une mise en œuvre matérielle de l'application logicielle.

Actuellement, les FPGA sont devenus de plus en plus utilisés dans divers secteurs grâce à leurs performances. Ils combinent les meilleures caractéristiques des ASIC (Application-Specific Integrated Circuits) et des systèmes basés processeur. Ils offrent un cadencement par matériel qui leur assure vitesse et fiabilité ainsi qu'ils sont caractérisés par une certaine souplesse d'exécution logicielle qu'un système basé processeur. Contrairement aux processeurs, les FPGA sont massivement parallèles par nature, de sorte que plusieurs opérations de traitement différentes ne se trouvent pas en concurrence lors de l'utilisation des ressources. Chaque tâche de traitement indépendante est affectée à une section spécifique du circuit, et peut donc s'exécuter en toute autonomie sans dépendre aucunement des autres blocs logiques. En conséquence, on peut augmenter le volume de traitement effectué sans que les performances d'une partie de l'application n'en soient affectées pour autant.

On peut implémenter des cœurs de processeurs softcore dans un FPGA (micro/pico Blaze de la famille Xilinx, Nios d'Altera, MIPS etc) ou construire des architectures hybrides. Ils sont alors associés à des microprocesseurs eux même connectés aux E/S du FPGA. Ces microprocesseurs, fonctionnant avec des systèmes d'exploitation, fournissent les outils nécessaires pour gérer les fichiers et assurer la communication avec les périphériques qui sont utilisés pour de nombreuses tâches telles que l'enregistrement des données sur disque. Récemment des compagnies comme Xilinx, avec sa famille de cibles Zynq, ont adopté cette approche et mis sur le marché des solutions qui combinent deux cœurs ARM Cortex A9 et un FPGA sur le même circuit intégré afin de créer cette architecture hybride.

1.5.4 Les MPSOC

Grâce aux outils de conception actuellement existants, il est désormais possible de concevoir nos propres Systèmes On Chip (SOC) dédiés à des applications bien spécifiques. Le besoin de la flexibilité et de la performance a mené à l'apparition des architectures parallèles intégrant plusieurs processeurs sur puce d'où le nom de MPSoC (MultiProcessor System On Chip) [11]. De nos jours, les MPSOC sont utilisés dans la majorité des domaines industriels tels que la télécommunication, les applications mobiles, multimédia, l'automobile et l'aéronautique.

Un MPSoC est un système VLSI (Very Large Scale Integration) qui intègre tous les composants nécessaires pour une application. Il peut combiner des processeurs embarqués avec des accélérateurs matériels formant une architecture matérielle/logicielle qui se base sur le principe de Codesign.

Il existe divers outils de simulation et de génération des MPSoC. Ces outils permettent de définir le type, le nombre de processeurs, la mémoire et le type d'interconnexion etc. Parmi ces outils, on note à titre d'exemple la plateforme Soclib [12] qui est une plateforme libre destinée pour le prototypage virtuel des systèmes MPSoC. Elle intègre plusieurs IPs tels que des processeurs (MIPS R3000, SPARCv8, ARM7), mémoire (RAM, FIFO, Cache), bus d'interconnexion (VCI), périphérique d'entrée/sortie etc.

1.6 Topologie de la mémoire

En plus de la différence entre les architectures parallèles au niveau des techniques et capacités de traiter les tâches, les données ou les instructions ; la topologie de la mémoire est aussi un facteur important pour différencier ces architectures. En fonction du partitionnement de la mémoire entre les processeurs, plusieurs problèmes peuvent apparaitre. Trois catégories d'architectures parallèles existent selon la topologie de la mémoire :

1.6.1 Mémoire partagée

Généralement, les architectures parallèles à mémoire partagée sont des systèmes multicœurs. Du point de vue matériel, tous les processeurs se partagent la même mémoire et ils ont un accès direct à cette mémoire commune mais chaque processeur possède sa propre mémoire locale (cache). Tous les CPUs accèdent à la totalité de la mémoire globale avec un même espace d'adressage global. Chaque CPU peut travailler indépendamment des autres mais les modifications des données partagées en mémoire globale effectuées par un processeur sont visibles par tous les autres CPUs. Du point de vue programmation : toutes les tâches peuvent directement accéder au même emplacement mémoire.

L'avantage de cette catégorie est que l'adressage global facilite le travail du programmeur. Le partage des données entre les tâches est plus rapide à mettre en œuvre (il n'y'a pas la notion de propriétaire d'une donnée). Cependant, cette famille d'architectures a certains défauts tels que :

- Manque de scalabilité : le nombre de processeurs (cœurs) pour une architecture à mémoire partagée est limité par les contentions au niveau d'accès à la mémoire globale. Il est techniquement difficile de concevoir des mémoires partagées.

- Augmenter le nombre de processeurs influe beaucoup sur le coût de production (la mémoire et le bus de communication à bande passante large sont coûteux ainsi que la nécessité d'avoir des caches de grande taille pour masquer les contentions au niveau de la mémoire globale).

- Créer une implémentation multicœur efficace qui donne une bonne accélération selon le nombre de cœurs utilisés.

- L'utilisation de la mémoire cache en traitant des données partagées peut mener à des problèmes de cohérence ce qui nécessite l'utilisation des verrous pour la synchronisation (mutex, sémaphores, interruptions inter-processeurs etc.) afin d'avoir un accès correct à la mémoire. De plus, la mémoire cache peut se révéler inutile si les processeurs échangent trop souvent des données.

1.6.2 Mémoire distribuée

Les architectures parallèles à mémoire distribuée concernent en général les grappes de serveurs (clusters), mais on les retrouve aussi dans les calculateurs embarqués. Elles consistent à regrouper plusieurs ordinateurs indépendants par un réseau local afin d'augmenter la scalabilité, dépasser les limitations d'un seul ordinateur, répartir la charge de travail et augmenter la performance de calcul. Ainsi, un réseau d'interconnexion doit être établi pour assurer la communication entre les mémoires de différents processeurs. Chaque processeur possède une mémoire locale privée et la notion d'adressage globale entre tous les processeurs est absente. Les tâches ne voient que la mémoire de la machine locale et si une tâche nécessite une donnée de la mémoire d'un autre processeur, il faut définir la communication nécessaire pour y accéder. On parle alors de machines à passage de messages. Il existe diverses topologies d'interconnexion entre les processeurs avec des performances variables.

L'architecture à mémoire distribuée a beaucoup d'avantages tels que la possibilité d'augmenter le nombre de processeurs ce qui fait augmenter proportionnellement la capacité mémoire. Aussi, l'accès à des données locales est rapide (mémoire proche du CPU) et finalement l'absence de problème de cohérence de cache. En revanche, un temps d'accès élevé aux mémoires non locales (latence élevée) et une gestion complexe des communications entre processeurs à travers un réseau restent les deux points faibles de cette catégorie même si des bibliothèques comme MPI (Message Passing Interface) et PVM (Parallel Virtual Machine) permettent de faciliter la programmation.

1.6.3 Architecture hybride

Cette architecture est un mélange de mémoire partagée et mémoire distribuée. Elle est composée de plusieurs nœuds de processeurs. Chaque nœud est un système multiprocesseur à mémoire partagée. Ces différents nœuds sont interconnectés par un réseau local comme Ethernet.

1.7 Cohérence de cache

Dans un système multiprocesseur (ou bien multicœur) à mémoire partagée avec une mémoire cache distincte pour chaque processeur, il est possible d'avoir plusieurs copies d'une donnée : une copie dans la mémoire partagée et une dans chaque mémoire cache. Quand une copie d'une donnée est modifiée, les autres copies doivent être mises à jour. La cohérence de la mémoire cache est la discipline qui veille à ce que les changements des valeurs de données partagées soient vus par tout le système, garantissant ainsi la cohérence de toute les données du système. Le problème de cohérence de cache [13] consiste à ce que, par exemple, deux processeurs, connectés à une mémoire partagée et ayant chacun une mémoire cache, manipulent la même donnée dans une mémoire partagée. Les deux processeurs font une copie de cette donnée dans leurs caches. Une fois qu'un processeur modifie cette donnée, la modification n'est faite en écriture qu'au niveau de la cache, donc le deuxième processeur ne voit pas cette modification ce qui fait il continue à manipuler une donnée périmée.

Pour maintenir la cohérence de la cache, il existe deux solutions : utiliser un protocole d'espionnage de bus (snoop) ou un protocole à base de répertoire :

- L'espionnage de bus (snooping protocol) : puisque toutes les caches sont connectées à la mémoire globale par le même bus, elles vont surveiller ce bus pour être au courant de toute modification des données par un autre processeur. Ceci engendre l'actualisation de lignes de cache périmées.

- Protocole à base de répertoire : ce protocole sauvegarde des informations pour chaque bloc de mémoire (l'emplacement des données dans la mémoire cache, leurs états) dans un répertoire (mémoire spécialisée accessible en parallèle du cache) au lieu de disperser ces informations dans les différentes lignes de cache. Ces protocoles sont rarement utilisés vu que le répertoire prend trop de mémoire en comparaison avec un protocole à base de snoop.

Deux techniques de mise à jour de données sont appliquées par l'espionnage de bus :

- Write invalidate : lorsqu'un contrôleur de cache remarque un changement à propos d'une adresse qu'il contient, il marque cette donnée comme étant invalide. Cela engendrera un « cache miss » à la prochaine requête de ce processeur, qui devra donc aller à la mémoire globale et lire la valeur actualisée.

- Write update : les caches sont actualisées automatiquement, même si le processeur ne cherche pas à les lire. Une mise à jour est effectuée avant même toute tentative de lecture. Dès que les caches détectent une écriture sur le bus, elles modifieront leurs copies périmées par celle qui est sur le bus.

La gestion de la cohérence de cache varie selon l'architecture disponible. En effet, pour le cas des DSP multicœurs TMS320C6472 et TMS320C6678 par exemple, ces sont les programmeurs qui doivent gérer la cache algorithmiquement. Par contre, pour les processeurs multicœurs d'Intel à titre d'exemple, la gestion de la cache est faite automatiquement à travers des algorithmes de cohérence implémentés en matériel. Dans ce dernier cas, il faut bien comprendre que la gestion automatique de la cohérence de cache peut engendrer des latences d'accès à la mémoire de façon non déterministe et non compatible avec le temps réel. C'est pourquoi, certaines architectures comme les DSP multicœurs permettent de gérer et maitriser directement les caches.

1.8 Performance d'une application parallèle

Le calcul de l'accélération (speedup) donne une évaluation générale sur l'effi-cacité du parallélisme appliqué et la performance réelle de l'application exécutée sur l'architecture parallèle. Si on suppose que Ts soit le temps d'exécution séquen-tielle et Tp(N) est celui de l'exécution parallèle sur n unités de traitement alors, l'accélération est définie par l'équation 1.1 :

$$Acc(N) = \frac{Ts}{Tp(N)} \tag{1.1}$$

Dans le cas idéal, l'accélération est égale à N (nombre d'unités de traitement mais en général, cette valeur est difficile à atteindre à cause du coût de communication et de synchronisation entre les unités de calcul.

1.8.1 Loi d'Amdahl

En 1967, Gene Amdahl a proposé une loi [14] qui permet d'estimer le gain théo-rique d'une implémentation parallèle. Soit T le temps total de l'exécution séquentielle sur une seule unité de calcul.
Ts : le temps d'exécution de la partie séquentielle
Tp : le temps d'exécution de la partie parallèle
Donc T= Ts+Tp.
Sur N unités de calcul, le temps total devient T(N)= Ts+Tp/N.
En calculant :

$$\frac{T(N)}{T} = \frac{Ts + Tp/N}{T} = \frac{Ts}{T} + \frac{Tp/N}{T} \tag{1.2}$$

Ts/T n'est que le pourcentage du code séquentiel, on le note par S et Tp/T est la fraction parallèle du code, on la note par P donc S+P=1.

$$\frac{T(N)}{T} = S + \frac{P}{N} = S + \frac{1-S}{N} \tag{1.3}$$

Ainsi l'accélération est déterminée par l'équation (1.4).

$$Acc(N) = \frac{T}{T(N)} = \frac{1}{S + \frac{1-S}{N}} \tag{1.4}$$

Quel que soit le nombre d'unités de traitement qui vont exécuter la partie paral-lèle du code, l'accélération est limitée par la portion séquentielle du code. En outre, cette loi ne tient pas compte du temps de communication qui est aussi important. Ce modèle ne correspond donc pas toujours à la réalité, mais donne une idée sur la faisabilité de l'objectif de parallélisation.

1.8.2   Loi de Gustafson

En 1988, Gustafson a proposé une loi [14] pour déterminer le gain d'une implémentation parallèle en tenant compte de l'augmentation de la charge de travail. Contrairement à Amdahl qui exécute un programme sur la même quantité de données quel que soit le nombre de processeurs, Gustafson va exploiter le parallélisme de données, c'est-à-dire exécuter le même programme sur des données différentes et indépendantes. Donc N données peuvent être traitées sur N processeurs en même temps. Tous les processeurs exécutent un seul programme, mais chacun traite sur une donnée différente.

Soit un programme s'exécutant sur un seul processeur. Ts est le temps de sa partie séquentielle et Tp celui de la partie parallèle. Le code parallèle sera exécuté sur N données en utilisant N processeurs. Le temps du code série reste le même quel que soit le nombre de processeurs.

Pour une seule donnée : T =Ts+Tp.

Pour N données sur N processeurs : T(N)=Ts+Tp.

Pour N données sur 1 seul processeur T=Ts+N*Tp.

En calculant l'accélération :

$$Acc(N) = \frac{T}{T(N)} = \frac{Ts + N*Tp}{Ts + Tp} = \frac{Ts}{Ts + Tp} + \frac{N*Tp}{Ts + Tp} \qquad (1.5)$$

Ts/(Ts+Tp) est la fraction du code série, on la note par S et Tp/(Ts+Tp) est celle du code parallèle sur N processeurs, on la note par P.

Donc l'accélération(N) =S+N*P ; sachant que S+P=1, alors l'accélération est déterminée par l'équation (1.6) ci-dessous.

$$Acc(N) = S + N*(1 - S) = N - S*(N - 1) \qquad (1.6)$$

La loi de Gustafson tient compte de la charge de travail et donne une accélération théorique plus élevée que celle d'Amdahl. Plus on augmente le nombre de données à traiter, plus l'efficacité augmente. Cependant, il faut noter que cette loi s'applique sur une durée déterminée, elle ne rend pas le calcul plus rapide.

1.9   Les outils logiciels d'aide à l'implémentation parallèle

Les systèmes multiprocesseurs ou multicœurs offrent un gain très important en termes d'accélération et vitesse d'exécution pour les applications qui nécessitent un traitement de haute performance. De l'autre côté, passer à une implémentation parallèle présente un grand défi pour les programmeurs. Ainsi, ils doivent gérer la communication entre les différentes unités de calcul, la synchronisation entre les tâches et les processeurs, les problèmes de mémoire (cohérence, bande passante, partage de données) et adaptation du code pour une implémentation parallèle en choisissant le découpage de leur algorithme le plus adapté à l'architecture parallèle.

Pour achever ce travail, deux approches peuvent être utilisées :

- Utiliser les syntaxes et les outils fournis par le langage de programmation (C, Java etc.) : le programmeur doit gérer la synchronisation entre tâches, les problèmes d'implémentation parallèle

- Utiliser des outils ou des environnements de programmation parallèle : ils permettent de faciliter la tâche des programmeurs et adapter l'algorithme à l'architecture afin de profiter au maximum du parallélisme de l'application et l'architecture du système parallèle utilisé.

Dans cette partie, nous présenterons les outils de développement parallèle les plus utilisés tout en précisant leurs avantages et avec quelles architectures ils sont les plus adaptés.

1.9.1 Pthreads

Pthreads [15] ou Posix Threads est une interface de programmation parallèle de bas niveau utilisée pour développer des applications en langage C sur des architectures parallèles à mémoire partagée. C'est un sous standard de la norme POSIX pour décrire un modèle multithreading. Pthreads est disponible sur la plupart des systèmes Unix. L'exploitation de la bibliothèque Pthreads se fait en appelant le fichier d'entête « pthread.h » dans les fichiers sources C. Cette interface fait appel à des fonctions (API) permettant la création des threads, la synchronisation entre eux, la destruction des threads et la gestion des données partagées.

L'utilisation de Pthreads permet d'améliorer la performance du programme avec le minimum de ressources système. Les programmeurs doivent gérer la synchronisation entre les threads à travers l'utilisation des barrières ou des mutex « mutual exclusion » puisque le compilateur n'en est pas capable.

Actuellement, Microsoft Visual C/C++ fournit un support pour le développement des applications multithreading sous Windows ; c'est le Winthreads ou Windows Threads. Il est presque semblable au Pthreads API. C'est un ensemble des fonctions qui permettent de créer des threads, les détruire, faire la synchronisation entre eux etc. Deux solutions peuvent être utilisées avec Visual Studio pour programmer une application multithreading : le « Microsoft Foundation Class library (MFC) » ou le « C run-time library » et le « Win32 API ».

1.9.2 OpenMP

OpenMP (Open Multi-Processing) [16] est un outil de programmation parallèle en langage C/C++ ou Fortran. Il est basé sur un modèle multithreading pour des architectures à mémoire partagée. Il se présente sous la forme de directives de compilation insérées dans le code source (des pragmas), des variables d'environnement et d'une bibliothèque logicielle permettant de développer rapidement des applications parallèles à petite granularité en restant proche du code séquentiel.

Un programme OpenMP est fait de régions séquentielles ainsi que de régions parallèles qui peuvent être exécutées par plusieurs threads en parallèle sur différents cœurs. Le compilateur se charge de la création des threads, leurs synchronisations et les communications entre eux, ce qui facilite fortement le travail des programmeurs. L'injection du parallélisme avec OpenMP peut se faire sur trois niveaux [16] :

- Parallélisation d'une région parallèle du code sur différents threads comme indiqué par la figure 1.3.

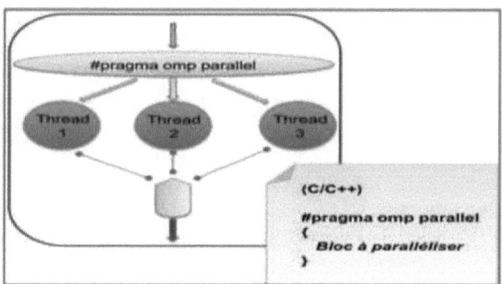

FIGURE 1.3 – Parallélisation d'une région parallèle avec OpenMP

Le nombre de threads est définit par la variable d'environnement :

$$\text{set } OMP\_NUM\_THREADS = x$$

En général, le nombre de threads est égal au nombre de processeurs (ou cœurs).

- Parallélisation des boucles en répartissant les itérations entre les threads comme l'indique la figure 1.4.

- Parallélisation des sections indépendantes sur différents threads comme illustré par la figure 1.5.

Il faut cependant être très prudent avec OpenMP. En effet, il faut veiller à ne pas créer de « Data race », c.à.d. des accès simultanés à des variables partagées par différents threads.

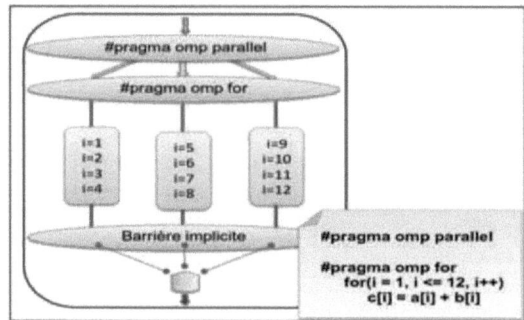

FIGURE 1.4 – Parallélisation des boucles avec OpenMP

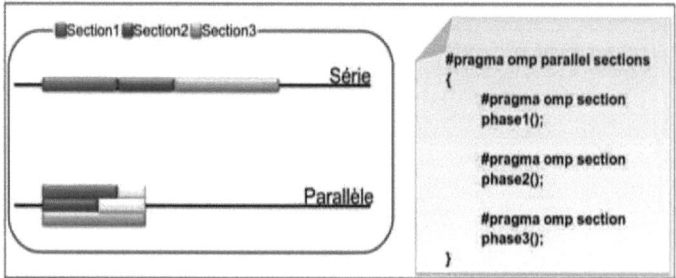

FIGURE 1.5 – Parallélisation des sections avec OpenMP

1.9.3 TBB d'Intel (Threading Building Blocks)

TBB [17] est une bibliothèque logicielle développée en C++ par Intel pour faciliter le développement des applications parallèles sur des architectures multiprocesseurs / multicœurs à mémoire partagée. Elle permet d'exploiter le parallélisme au niveau des tâches, données et instructions. Contrairement aux POSIX et Thread Windows, le développeur ne s'occupe pas de la gestion de verrous ; TBB s'occupe de tous les détails spécifiques.

TBB permet de faire une exécution multithread basée sur une optimisation de la réutilisation des mémoires caches et de l'équilibrage de charge. Cette bibliothèque est basée essentiellement sur des algorithmes de parallélisation tels que *parallel_for*, *parallel_while*, *parallel_do*, *parallel_scanet parallel_reduce* etc. Elle fournit aussi plusieurs classes conteneurs (*concurrent_queue*, *concurrent_vector*, *concurrent_hash_map*) pour la gestion des vecteurs, tableaux associatifs et les listes chainées. Elle assure aussi des allocations mémoire qui sont scalables (passent à l'échelle), concurrentes et sans erreurs de partage à travers l'utilisation des allocateurs mémoire (*scalable_allocator*, *cache_aligned_allocator* etc).

Comme OpenMP, TBB facilite l'implantation parallèle d'un algorithme, mais les choix de découpage et de parallélisation restent à effectuer par le concepteur.

1.9.4 MPI (Message Passing Interface) et PVM (Parallel Virtual Machine)

MPI [18] est une norme définissant une bibliothèque de fonctions utilisée pour développer des applications parallèles en C, C++ et fortran sur des systèmes parallèles (homogènes ou bien hétérogènes) à mémoire distribuée communicant par passage de messages.

Actuellement, MPI est aussi exploitée pour obtenir des bonnes performances sur des machines massivement parallèles à mémoire partagée ou hybride en plus des grappes d'ordinateurs à mémoire distribuée. Avec MPI, on peut assurer des communications point-à-point entre deux processus à l'intérieur d'un même communicateur afin d'échanger des données (scalaires, caractères, tableaux). Il est aussi possible de faire des communications collectives entre tous les processus d'un même communicateur (envoyer un message à tous les processus (*MPI_Bcast*), découper un tableau entre tous les processus (*MPI_Scatter*) etc. La communication collective permet de faire en une seule opération plusieurs communications point-à-point. Parmi les avantages de cette bibliothèque est sa simplicité, ainsi six fonctions seulement peuvent assurer une application parallèle par passage de messages (*MPI_Init*, *MPI_Finalize*, *MPI_Comm_size*, *MPI_Comm_rank*, *MPI_Send* et *MPI_Recv*).

Concernant la bibliothèque PVM [19], elle est basée sur une approche similaire à MPI. C'est une bibliothèque portable de passage de messages permettant d'agréger un réseau de machines hétérogènes (PC, Superordinateur, Serveur,) en une seule machine virtuelle permettant ainsi d'augmenter la concurrence des calculs, d'où l'appellation de (machine virtuelle parallèle). Cette bibliothèque gère tout le routage des messages, la conversion des données et la répartition des tâches entre les différentes unités de calcul à travers le réseau de connexion. En concluant, MPI et PVM aident à la communication, mais les choix de découpage d'implantation parallèle restent aux développeurs.

1.9.5 OpenCL (Open Computing Language)

OpenCL [20] est une API de bas niveau, conçue pour faire des calculs massivement parallèles sur des systèmes parallèles hétérogènes tels que les cartes graphiques (GPU (Graphics Processing Unit) d'intel et NVIDIA), les processeurs multicœurs (CPU x86) et les processeurs CELL. Cette interface est basée sur le langage C permettant de supporter le parallélisme au niveau des tâches et des données d'une manière hiérarchique.

A travers l'interface OpenCL, un graphe de tâches peut être créé. Ensuite, le partage des tâches ou bien des données se fait d'une manière hiérarchique. Tenant l'exemple d'un GPU, en utilisant les APIs d'OpenCL, les données peuvent être affectées en premier temps à des Work-Groups qui forment un « NDrange » ce qui permet aux Work-Items à l'intérieur de ces Work-Groups de partager les données ou les tâches entre eux comme l'illustre la figure 1.6. La synchronisation entre les Work-Items se fait à travers l'utilisation des barrières.

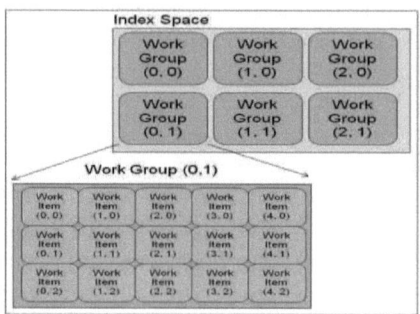

FIGURE 1.6 – Configuration d'un NDrange d'OpenCL

1.9.6 CUDA (Compute Unified Device Architecture)

CUDA [21] est une API qui permet d'effectuer des calculs massivement parallèles sur des GPU de NVIDIA (GeForce, Tesla etc). La carte graphique est considérée comme un coprocesseur pour l'Hôte (CPU). A travers les API de CUDA, les programmes vont être exécutés sur le GPU.

La hiérarchie d'un GPU est presque la même pour OpenCL et CUDA. Les NDranges pour OpenCL sont notés des grilles pour CUDA, les Work-Groups sont des Blocks et les Work-Item correspondent aux threads.

En exploitant les APIs du CUDA, le partage des données peut être effectué à plusieurs niveaux : au niveau des Blocks, des threads ou bien une combinaison de deux.

1.9.7 MCSDK (Multicore Software Development Kits)

MCSDK [22] est une bibliothèque des APIs développée par la société Texas Instruments. Elle vise à fournir un kit de développement logiciel qui permet aux programmeurs de démarrer rapidement le développement des applications embarquées sur des plateformes DSP multicœurs. Cette bibliothèque permet de :

- Configurer et utiliser des périphériques, des accélérateurs et d'autres ressources matérielles (EDMA, SRIO, PCIe etc.) à travers le « Low-Level Drivers (LLDs).

- Mettre en œuvre des paquets et des protocoles basés sur le réseau (NDK Network development Kit)

- Intégrer un support pour le système d'exploitation en temps réel SYS/BIOS et le système d'exploitation Linux de haut niveau sur des plateformes multicœurs.

- Fournir des méthodologies et des utilitaires de programmation multicœur à l'aide de « interprocessor communication IPC driver » qui gère les différentes communications entre les processus, les cœurs et même entre plusieurs plate-formes.

- Fournir des solutions logicielles pour résoudre certains problèmes de programmation multicœur telle que la cohérence de cache en se servant de la bibliothèque CSL (Chip support Library).

1.9.8   3L Diamond

3L Diamond [23] est un environnement de travail (IDE Integrated Development Environment) conçu pour les développeurs d'applications qui utilisent des DSP, FPGA et GPU pour créer des systèmes parallèles multiprocesseurs. Il simplifie le développement des systèmes multiprocesseurs pour améliorer la productivité et réduire les risques et les délais de mise sur le marché. 3L Diamond est un outil de haut niveau qui fournit un flux de développement fortement automatisé pour réaliser des applications sur des systèmes parallèles. Ainsi pour écrire une application parallèle avec 3L Diamond, il faut suivre trois étapes :

- La première étape consiste à décomposer l'application en tâches indépendantes. Les tâches sont écrites en C ou bien en VHDL. Ensuite, il faut décrire le graphe de dépendances entre les tâches en connectant les blocs de tâches par des canaux.

- La deuxième étape consiste à faire une description du matériel à utiliser en termes de processeurs et leurs inter-connexions. Un processeur peut être un DSP, un cœur d'un système multicœur, ou un FPGA. Pour la connexion, il faut définir seulement les connexions entre les composants distincts c.à.d. les câbles physiques à ajouter au système.

- La dernière étape comporte la distribution de la description logicielle des tâches et le graphe de dépendances sur le matériel décrit antérieurement tout en indiquant comment les tâches doivent être placées sur les processeurs. Il faut probablement disposer d'une version compilée de chaque tâche appropriée à chaque type de processeur sur laquelle elle va être exécutée.

Après avoir définit les trois parties (software, matériel et le mappage entre eux) ; le configurateur de 3L Diamond construit l'application et gère automatiquement la communication et la synchronisation entre les différentes unités de traitement.

1.9.9 AAA/SynDEx

SynDEx (Synchronized Distributed Executive) [24] est un logiciel de CAO (Conception assistée par ordinateur) niveau système basé sur la méthodologie AAA (Adéquation Algorithmique Architecture). Il vise à optimiser l'implémentation d'une application à temps réel sur des architectures multi-composants formées de plusieurs processeurs et circuits intégrés spécifiques interconnectés.

La méthodologie AAA repose sur la théorie des graphes afin de modéliser à la fois le parallélisme potentiel de l'algorithme de l'application et le parallélisme disponible de l'architecture de la plateforme visée. SynDEx est basé sur le flot d'implémentation AAA qui assure automatiquement la distribution des opérations de l'algorithme sur les ressources de calcul et de communication de l'architecture ainsi que l'ordonnancement de celles-ci. Il permet de prédire les performances de l'implémentation et de générer automatiquement l'exécutif distribué correspondant. Ce flot comporte 4 étapes essentielles comme l'illustre la figure 1.7.

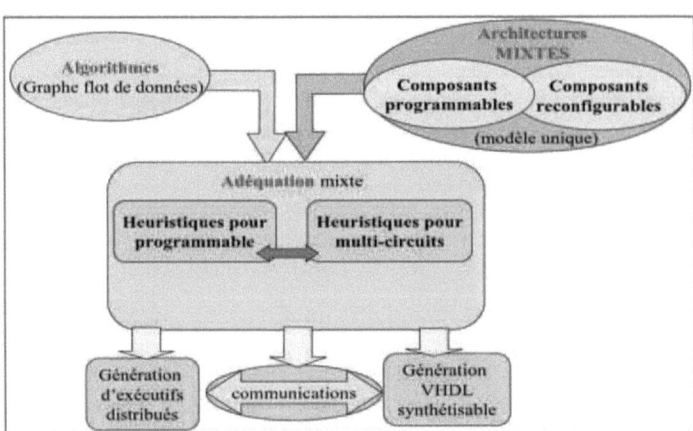

FIGURE 1.7 – l'approche AAA/SynDEx

- Spécifier l'algorithme en utilisant des blocs ou des sommets pour définir les opérations (capteurs, calcul, actionneurs, mémoire) et des hyper-arcs orientés pour décrire les dépendances de données (qui induisent un ordre partiel d'exécution) et les éventuelles dépendances de conditionnement pour modéliser les instructions de control classiques (if, then, else, switch). Il existe aussi des sommets spécifiques dédiés à la spécification des répétitions (boucles).

- Spécifier l'architecture en plaçant des sommets pour définir les opérateurs qui représentent les ressources de calcul et les communicateurs qui sont les moyens de communication entre ces différents opérateurs (Mémoire RAM, FIFO, BUS, TCP). Des arcs orientés connectent ces sommets pour modéliser les transferts de données possibles entre unités.

- Lancer l'adéquation qui est basée sur une heuristique d'optimisation qui va distribuer les opérations de l'algorithme sur les sommets du graphe d'architecture. SynDEx produit le résultat sous la forme d'un graphe où chaque colonne représente une ressource de calcul ou de communication et sur laquelle on voit la distribution (allocation spatiale), l'ordonnancement (allocation temporelle) des opérations sur les processeurs et les transferts de données entre les processeurs sur les supports de communication.

- Génération automatique du code : après l'adéquation et à travers l'interface graphique de SynDEx, on peut lancer la génération automatique du code d'exécutifs pour les architectures programmables ou bien le VHDL synthétisable pour les architectures configurables (FPGA) par la version SynDEx mixte [25] qui supporte les FPGA. Un fichier m4 se génère pour chaque processeur et chaque type de communicateur. Le fichier m4 contient des macro-codes qui sont indépendants des composants matériels ce qui nécessite un post traitement en utilisant le macro-processeur m4. Ce dernier remplace chaque macro-instruction par le code source correspondant dans les noyaux exécutifs et les bibliothèques d'applications (.M4X). Ces codes sources dépendent des composants matériels et seront à leur tour compilés pour obtenir le code exécutable.

1.9.10 PREESM

PREESM (Parallel and Real-time Embedded Executives Scheduling Method) [26] [27] est un outil de prototypage rapide dont l'objectif principal est d'automatiser le déploiement des applications modélisées avec des graphes de flux de données (Dataflow graphs) sur des systèmes MPSoCs hétérogènes. Cet outil est développé à l'Institut d'Électroniques et de Télécommunications de Rennes (IETR) comme un ensemble de plugins open-source pour l'environnement de développement intégré Eclipse. PREESM est basé sur la méthodologie AAA comme l'outil SynDEx avec quelques différences au niveau de l'analyse de l'ordonnancement et la génération automatique du code. Le processus de prototypage [28] avec PREESM est décrit par la figure 1.8. Les entrées de cet outil sont un graphe d'algorithme, un graphe d'architecture, et un scénario qui est un ensemble des paramètres et des contraintes qui précisent les conditions sous lesquelles le déploiement sera exécuté.

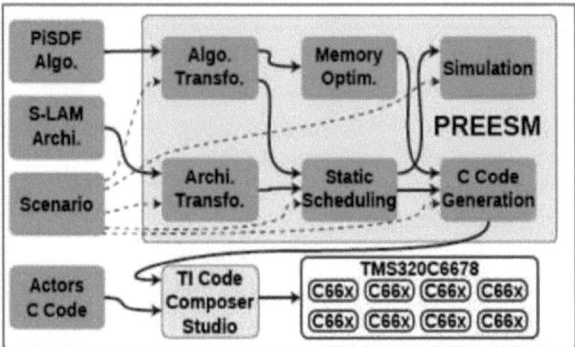

FIGURE 1.8 – Processus de prototypage avec PREESM

Le graphe d'algorithme est une extension paramétrée et hiérarchique des graphes SDF (Synchronous Dataflow) [26] nommé PiSDF (Parameterized and Interfaced Synchronous Dataflow). Le modèle PiSDF [28], utilisé pour décrire des algorithmes, vise à fournir des descriptions parallèles d'algorithmes spécifiant précisément les données circulant entre les acteurs tout en en offrant un compromis entre comportement dynamique et prévisibilité. Le graphe d'architecture est nommé « System-Level Architecture Model » (S-LAM). Il permet de faire une description de l'architecture cible sous forme d'un graphe comportant l'ensemble des éléments de traitement les différents nœuds de communication entre eux. A partir de ces entrées, PREESM mappe et ordonnance automatiquement le code sur les différents éléments de traitement et génère finalement le code multicœur.

1.10 Conclusion

Dans ce chapitre, nous avons présenté les principales technologies matérielles et logicielles de développement de la technologie des systèmes parallèles. Nous avons discuté les différentes architectures parallèles pour les systèmes généralistes et pour les systèmes embarqués. Nous avons comparé les avantages et inconvénients de chaque système et les problèmes qui peuvent nous rencontrer lors d'une implémentation parallèle sur un système multi-composants ainsi que les solutions disponibles pour résoudre ces problèmes. Enfin, nous avons présenté un état de l'art sur les divers outils d'implémentation parallèle pour différents systèmes et plateformes multi-composants qui ont été conçus pour faciliter la tâche des programmeurs et assurer plus de performance ainsi que réduire le temps de mettre sur le marché « Time to Market ». Ce travail va nous permettre de choisir l'architecture et les outils les plus adaptés pour l'implémentation HD en temps réel de l'encodeur vidéo H264/AVC que nous allons maintenant étudier.

Dans le chapitre suivant, nous parlerons de l'encodeur vidéo H264/AVC ainsi que nous présenterons un état de l'art sur les différentes implémentations parallèles de cet encodeur sur des systèmes de traitement parallèle.

Chapitre 2

Parallélisme de l'encodeur vidéo H264/AVC

Ce chapitre présentera dans ses premières parties le principe général de codage vidéo en utilisant la norme H264/AVC. Nous introduirons une description de la chaîne de codage et les performances de ce standard de compression vidéo. Nous présenterons la décomposition hiérarchique d'une séquence vidéo pour la norme H264/AVC ainsi que les différentes dépendances qui existent entre les étapes d'encodage et les structures de données. Pour finir la première partie, nous présenterons les différentes techniques de partitionnement exploitables pour paralléliser cet encodeur.

La seconde partie de ce chapitre concernera la présentation d'un état de l'art sur les différentes implémentations parallèles de l'encodeur H264/AVC sur des systèmes multi-composants afin d'accélérer le traitement et satisfaire la contrainte d'encodage en temps réel de 25 à 30 frames/s (f/s). Nous présenterons les diverses méthodes de partitionnement appliquées ainsi que les résultats obtenus pour chaque implémentation.

2.1 Introduction

Au cours de cette décennie, le développement rapide de la technologie des caméras numériques a contribué à l'augmentation du nombre de consommateurs d'applications vidéo de haute qualité telles que la télévision numérique HD, la vidéoconférence HD, la télécommunication visuelle sur les dernières générations de Smartphones, les caméras de surveillance HD, les applications vidéo militaires et médicales etc. Face à cette migration vers la qualité HD et ultra HD, il faut trouver des solutions performantes pour réduire la grande quantité de données à transmettre, réduire le coût de stockage et faire face à la limitation de la bande passante de transmission.

Dans ce contexte, les experts de traitement vidéo de deux organisations internationales l'ITU-T et l'ISO/IEC n'ont pas cessé à développer des standards de compression vidéo dont les plus répondus sont la norme H264/AVC et la norme HEVC. Dans ce chapitre, nous nous sommes intéressés à la norme vidéo H264/AVC. Cette norme a été développée pour compenser la grande quantité de données à transmettre et à stocker ainsi qu'améliorer le taux de compression en comparaison avec les anciens standards de compression (MPEG1, MPEG2,..., H263) tout en gardant la même qualité vidéo. En effet, l'encodeur H264/AVC permet de réduire la quantité de données de 50% tout en conservant presque la même qualité vidéo.

Cette performance est quasiment le résultat des diverses améliorations et nouvelles contributions au niveau de l'algorithme de codage. Ainsi, une nouvelle transformée a remplacé l'ancienne DCT (discrete cosine transform). Des nouveaux modes de prédiction que ce soit pour l'intra prédiction ou l'inter prédiction sont ajoutés afin d'affiner la recherche et avoir plus de précision. On note aussi l'application d'un processus de filtrage pour réduire les artefacts et l'utilisation de plusieurs images de référence au niveau de l'estimation de mouvement afin de réduire efficacement les redondances temporelles dans la vidéo.

Toutes ces améliorations avec la migration vers la résolution HD ont engendré une grande complexité de calcul au niveau de l'encodeur H264/AVC. Cette complexité rend un peu difficile de réaliser un encodage vidéo de haute définition en temps réel pour certaines implémentations. Ceci entraine d'une part l'application de diverses optimisations que ce soient algorithmiques, logicielles ou matérielles et de penser d'autre part au parallélisme de cet encodeur en profitant de la nouvelle technologie de processeurs actuels, les outils de développement parallèle et le parallélisme potentiel existant au sein de cette application.

2.2   La chaîne d'encodage vidéo

La compression (encodage) d'une séquence vidéo a pour but de réduire son débit et par conséquence le coût de stockage, ou rendre possible sa diffusion en minimisant la charge du réseau de transport. Cela est possible en éliminant les redondances grâce à un codage spécifique : un codage intra-image pour réduire les redondances spatiales au niveau de l'image elle même et un codage inter-image pour éliminer les redondances temporelles entre les images successives. La séquence vidéo est alors écrite d'une manière plus compacte. L'encodeur H264/AVC est un hybride de ces deux types de codage intra et inter. En effet, la première image d'une séquence est forcement codée « Intra ». Pour les autres images d'une séquence, on peut utiliser soit un codage inter soit un codage intra. La chaîne de codage de la norme H264/AVC comporte plusieurs étapes afin d'aboutir à la génération du bitstream codé (flux compressé) de la vidéo d'entrée qui se traite image par image (frame).

Pour l'encodeur H264/AVC baseline profile, le format de l'image utilisé est YUV 4 :2 :0 c.à.d. pour chaque 4 pixels de la luminance Y, on a un seul pixel de chrominance rouge U et un autre pixel pour la chrominance bleue V. Ceci a pour but de réduire la complexité d'encodage sans trop affecter la qualité visuelle puisque le système de vision humaine présente une sensibilité moindre à la couleur qu'à la luminosité. La taille d'une image à encoder est donc égale à 1,5 fois la taille de la composante luminance. Les étapes d'encodage sont décrites par la figure 2.1 et consistent à :

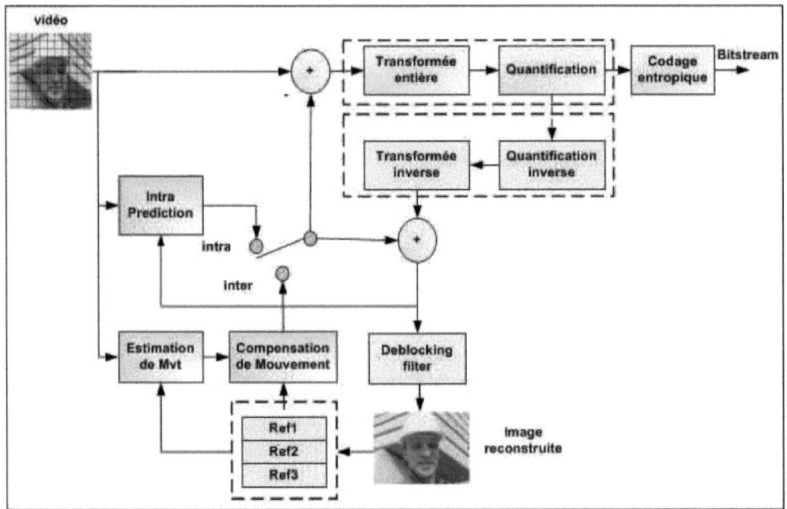

FIGURE 2.1 – La chaîne d'encodage vidéo H264/AVC

2.2.1 Division en macroblocs

Les techniques de compression vidéo actuelles codent l'image en la décomposant en bloc appelé macrobloc (MB). Chaque image d'une séquence vidéo est partitionnée en macroblocs de taille 16x16 pixels pour la composante luminance (appelé Y) et de 8x8 pixels pour la chrominance rouge (appelé Cr) et la chrominance bleue (appelé Cb). L'encodage se fait MB par MB jusqu'à terminer tous les MBs de l'image.

2.2.2 Prédiction

Chaque MB de l'image courante (à encoder) subit comme première étape d'encodage deux types de prédiction pour assurer une bonne compression qui garantit une diminution de la quantité d'information sans dégradation de la qualité visuelle :

2.2.2.1 Intra prédiction

L'intra prédiction est utilisée pour éliminer les redondances spatiales dans une image vidéo. Elle exploite la corrélation spatiale entre les macroblocs adjacents dans l'image qui tendent à avoir des propriétés semblables. On peut prévoir le MB d'intérêt à partir des macroblocs voisins (typiquement ceux situés en dessus et à gauche du MB d'intérêt, puisque ces macroblocs auraient été déjà codés).

La différence entre le MB réel et sa prédiction, désignée par le résiduel, est alors codée. Ainsi, on a une représentation avec un nombre de bits limité en le comparant avec celui utilisé pour la transformation directe du MB lui-même.

L'intra prédiction se devise en trois parties [29] :

- Intra prédiction pour la luminance 16x16 (appelée Intra16x16)
- Intra prédiction pour la luminance 4x4 (appelée Intra4x4)
- Intra prédiction pour la chrominance 8x8

2.2.2.1.1 Intra16x16

L'intra16x16 est une prédiction uniforme ; appliquée pour l'ensemble du MB (16x16). Elle est recommandée dans les cas des zones régulières qui ne contiennent pas beaucoup de détails et qui sont caractérisées par une faible texture. Le MB prédit est déterminé à partir de ces pixels voisins (haut et gauche) selon 4 modes de prédiction comme indiqué par la figure 2.2.

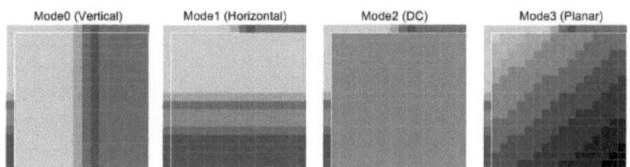

FIGURE 2.2 – Les modes de prédiction intra16x16

Le meilleur MB prédit est celui qui donne la valeur du RDO (Rate Distortion Optimization) la plus faible, définie par l'équation 2.1.

$$Costmode = Distortion(MB) + \lambda_{mode} * Rate(MB) \qquad (2.1)$$

Où la distorsion représente la somme de la différence en valeur absolue (SAD) définie par l'équation 2.2.

$$SAD_{mode} = \sum_{i=1}^{16} \sum_{j=1}^{16} |MBsrc(i,j) - MBpredmode(i,j)| \qquad (2.2)$$

Avec :

47

- MBsrc : bloc source (16x16)

- MBpredmode : macrobloc prédit (16x16) selon le mode appliqué (0, 1, 2 ou 3)

- N=16.

λ : Multiplicateur de Lagrange basé sur une fonction exponentielle du paramètre de quantification QP dont l'équation est :

$$\lambda = 0.85 * 2^{((QP-12)/3)} \tag{2.3}$$

Rate (MB) : Nombre de bits pour coder le bloc en appliquant le mode testé. Notons que le Costmode peut être calculé seulement avec le SAD sans tenir compte du débit (bitrate) afin de réduire la complexité du calcul, dans ce cas, $Cost_{mode} = SAD_{mode}$.

2.2.2.1.2 Intra4x4

L'intra4x4 est généralement appliquée dans les zones d'images à haute texture par rapport au 16x16 où il y a beaucoup de détails. Elle est appliquée à la luminance Y afin d'affiner la prédiction et avoir un taux de compression plus élevé avec une bonne qualité vidéo.

L'intra4x4 consiste à décomposer le MB 16x16 en 16 blocs de taille 4x4 et par la suite faire la prédiction de chaque bloc4x4 à partir de ces voisins qui ont été codés avant suivant un ordre bien déterminé qu'on appelle « ordre conventionnel » présenté par la figure 2.3.

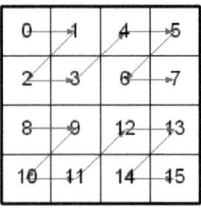

FIGURE 2.3 – Ordre de parcours conventionnel de l'intra4x4

Neuf modes de prédiction sont appliqués à chaque bloc 4x4 afin de déterminer le meilleur bloc prédit et le meilleur mode de prédiction parmi les neuf comme indiqué par la figure 2.4.

Le mode qui donne la valeur du SAD la plus petite est celui qui va être sélectionné comme meilleur mode de prédiction pour le bloc 4x4, cette valeur est notée SAD_{4x4}. Pour l'Intra4x4 on aura 16 meilleurs SAD_{4x4} chacun correspond à un bloc4x4 puisque un MB est formé par 16 blocs de taille 4x4. Donc le SAD de l'intra4x4 est noté $SAD_{intra4x4}$ et il est égal à la somme de ces 16 SAD_{4x4}.

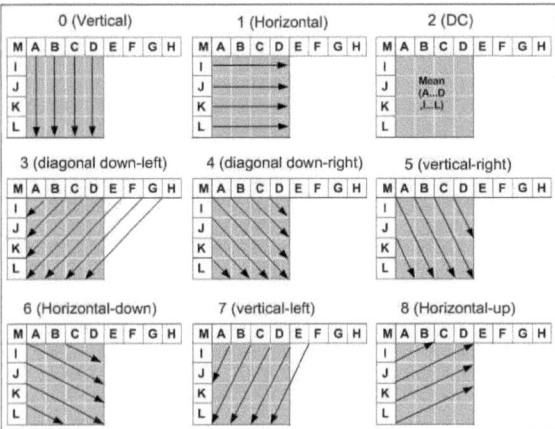

FIGURE 2.4 – Les modes de prédiction intra4x4

Après la détermination du meilleur MB prédit 4x4, il faut encoder ce bloc pour déterminer le bloc 4x4 reconstruit utilisé par la suite dans la prédiction de prochains blocs 4x4 (utilisation des pixels voisins).

2.2.2.1.3   Intra prédiction pour la chrominance 8x8

La prédiction de la chrominance que ce soit rouge ou bleue est semblable à la prédiction de la luminance intra16x16. La taille du MB est 8x8 au lieu de 16x16 et les 4 modes de prédiction intra16x16 sont appliqués de même façon pour les chrominances 8x8. Chaque MB 8x8 de la chrominance est prédit à partir des pixels voisins hauts et /ou gauches déjà codés et reconstruits. Les deux chrominances rouge et bleue doivent avoir le même mode de prédiction. On ne fait le calcul que pour l'une de deux et par la suite on détermine le MB prédit de la deuxième composante selon le mode sélectionné pour la première.

2.2.2.2   Inter prédiction

L'inter prédiction est basée sur l'estimation et la compensation de mouvement afin de réduire les redondances temporelles qui existent entre les images successives. En effet, l'estimation de mouvement consiste à rechercher les parties identiques de l'image courante dans les images précédemment codées et à ne coder que les vecteurs de mouvement de ces parties ainsi que leurs différences. Ceci assure une réduction du débit d'une façon très importante par rapport au codage intra avec une bonne qualité d'image.

Parmi les algorithmes d'estimation de mouvement les plus utilisés on trouve le « Block Matching Algorithm BMA» c.à.d. l'algorithme de correspondance des blocs. Pour chaque MB de l'image courante, l'algorithme cherche le MB qui lui correspond le plus dans les images précédemment encodées « images de référence» et spécialement dans une zone bien déterminée appelée « fenêtre de recherche » comme présenté par la figure 2.5. L'estimation de mouvement se fait pour la composante luminance Y, puis on affecte le même vecteur de mouvement aux deux chrominances U et V.

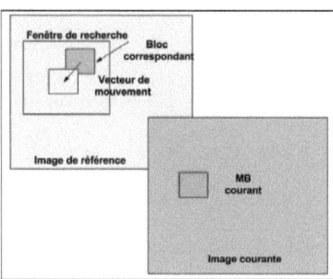

FIGURE 2.5 – Estimation de Mouvement pour la norme H264/AVC

La méthode BMA la plus simple est la recherche exhaustive « Full Search », qui consiste à parcourir la totalité de la fenêtre de recherche pixel par pixel. Le MB le plus similaire est celui qui fournit une distorsion minimale en se basant sur le calcul du Cost (équation 2.1). En dépit de l'efficacité de cette méthode, le temps d'exécution reste énorme, ce qui explique la diversité des algorithmes de recherches élaborés comme le Line Diamond Parallel Search (LDPS), Three Step Search (TSS), Nearest Neighbors Search Algorithm (NNS) [30] etc. Pour raffiner la recherche et avoir plus de précision ainsi que pour couvrir les cas où le mouvement des pixels d'un même MB n'est pas uniforme, la norme H264/AVC introduit des nouveautés au niveau de l'inter prédiction. Ainsi, sept modes de prédiction sont testés au lieu d'un seul mode comme illustré par la figure 2.6.

Le MB entier peut avoir un seul vecteur de mouvement et ceci dans les cas des zones homogènes et uniformes comme il est possible aussi, pour les zones à haute texture, les sous-blocs de ce MB peuvent avoir chacun un vecteur de mouvement propre à lui. Ceci permet d'engendrer plus de précision sur l'origine des blocs et ainsi améliorer la qualité vidéo et le taux de compression.

Suite à l'estimation de mouvement, l'étape de compensation de mouvement s'établit. Elle consiste à déterminer le MB prédit selon les meilleurs modes d'inter prédiction sélectionnés. Ainsi, le MB prédit est une copie des blocs de l'image de référence selon les vecteurs de mouvement calculés.

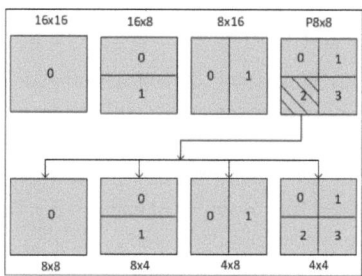

FIGURE 2.6 – Les modes d'inter prédiction

2.2.3 Décision de mode

La détermination du meilleur MB prédit se fait après avoir effectué les trois types de prédictions (intra16x16, intra4x4 et inter) avec tous leurs modes. Le type de prédiction qui donne le Cost le plus petit sera choisi comme le meilleur type de prédiction et ainsi son mode qui a été sélectionné sera le meilleur mode de prédiction comme indiqué par la figure 2.7. Si le meilleur type de prédiction est l'inter, alors il faut ensuite effectuer la compensation de mouvement qui consiste à copier les pixels de la fenêtre de recherche, selon le vecteur de mouvement calculé, dans le buffer du MB prédit.

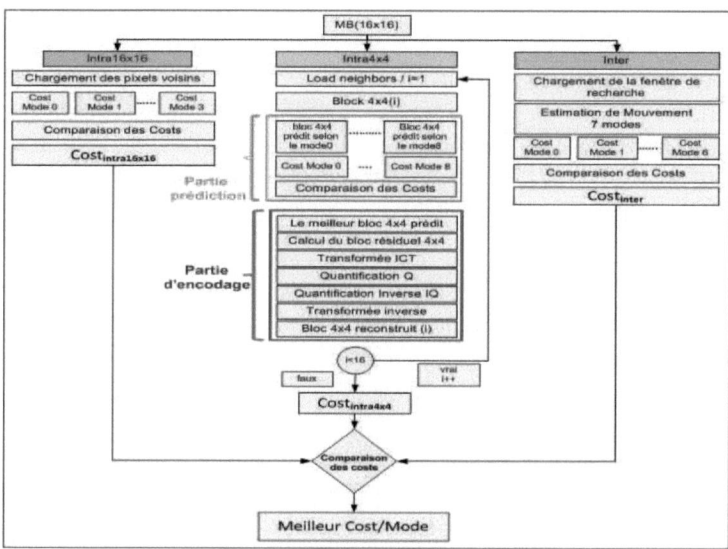

FIGURE 2.7 – La chaine de prédiction et décision de mode pour la norme H264/AVC

2.2.4 Transformée entière

Cette étape est la plus importante des algorithmes de compression. Elle permet de passer à une présentation fréquentielle de l'image au lieu d'une présentation spatiale ce qui donne plus d'efficacité en termes de débit de par la suite. La transformée permet de séparer les basses fréquences qui représentent l'information utile de l'image des hautes fréquences (moins importantes). L'information utile sera localisée dans un nombre limité de coefficients (Coefficients DC).

Puisque la transformée s'applique sur le MB résiduel qui est la différence entre le MB courant et le meilleur MB prédit, les coefficients AC (les hautes fréquences) sont en général des coefficients nuls. Ceci permet de diminuer significativement le nombre de bits nécessaire pour la représentation de données. La nouveauté de la norme H264/AVC au niveau de la transformée est l'utilisation d'une transformée en Cosinus Discret TCD modifiée. C'est une transformée entière ICT [31] « Integer Cosine Transform » qui manipule seulement des données entières et elle se base seulement sur des opérations d'addition et de décalage. Par conséquent, elle permet de réduire efficacement le coût d'une implémentation matérielle.

L'encodeur H264/AVC fait recours aussi à une transformée HADAMARD [1] pour les coefficients DC de chaque bloc résiduel d'une prédiction intra16x16 ainsi que les coefficients DC de chaque bloc 2x2 de la chrominance.

2.2.5 Quantification

Après la transformation entière (cf. figure 2.1), la quantification s'applique sur les coefficients du MB résiduel déjà transformés. Elle consiste à diviser les coefficients transformés par un pas de quantification (Qstep). Ceci permet d'éliminer au maximum les hautes fréquences et augmenter le nombre de coefficients nuls. On améliore ainsi le taux de compression mais en contre partie cela provoque une perte de données donc baisse de la qualité.

2.2.6 Codage entropique

La dernière étape avant la transmission de données sur le canal (séparant le codeur et le décodeur) est le codage des données résiduelles transformées et quantifiées en utilisant le codeur entropique (cf. figure 2.1).

La norme H264/AVC présente plusieurs codeurs entropiques :

- CABAC (Context-adaptive binary arithmetic coding) : Il s'agit d'un codage arithmétique. C'est une technique sophistiquée de codage entropique qui produit d'excellents résultats en termes de compression mais possède une grande complexité (non disponible dans les profils baseline et extended).

- CAVLC (Context-adaptive Huffman variable-length coding) : Il s'agit d'un codage adaptatif de type Huffman à longueur variable, qui est une alternative moins complexe que CABAC pour le codage des tables de coefficients de transformation. Bien que moins complexe que CABAC, CAVLC est plus élaboré et plus efficace que les méthodes habituellement utilisées jusqu'à présent pour coder les coefficients. En effet, en exploitant les probabilités d'occurrence de chaque symbole ou séquence de symboles à émettre, on peut leur associer un mot binaire d'une longueur d'autant plus courte que leur occurrence est grande. Ceci entraîne une compression plus efficace.

- Une technique simple et hautement structurée de codage à longueur variable (Variable length coding) pour de nombreux éléments de syntaxe non codés par CABAC ou CAVLC, considéré comme du code exponentiel-Golomb (Exp-Golomb).

Après le codage entropique, il y a une couche réseau (la couche NAL : Network Abstraction Layer), comme indiqué par la figure 2.8, qui organise le flux binaire dans des unités (NALU) afin d'assurer l'intégration et le transport de flux binaire (Bitstream) sur divers types de réseaux.

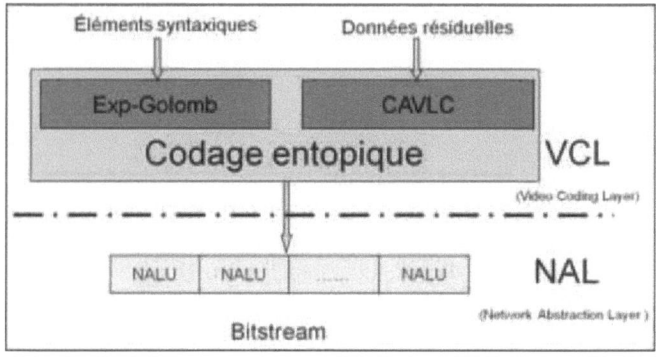

FIGURE 2.8 – Les couches d'encodeur entropique

2.2.7 La chaîne de décodage

La chaîne de décodage qui existe au niveau de l'encodeur H264/AVC est formée par la quantification inverse et la transforme ICT inverse. Elle a pour but de reconstruire les MBs codés. Ainsi, après ces deux étapes, le MB résiduel est recalculé et par la suite additionné avec le meilleur MB prédit pour obtenir le MB reconstruit. Ce dernier sera exploité dans la prédiction de MBs suivants de la même image (les pixels voisins) et aussi pour les MBs des images suivantes (fenêtre de recherche dans l'image de référence).

2.2.8   Le filtrage anti-blocs

L'encodeur H264/AVC intègre également un filtre qui améliore la qualité visuelle de séquences vidéo en éliminant certains effets indésirables du codage comme les effets des blocs (les artéfacts). Après la reconstruction, le processus de filtrage prend place pour lisser les bords horizontaux et verticaux de chaque MB 16x16. Les artéfacts sont alors réduits sans affecter la netteté du contenu ainsi que la qualité subjective de l'image qui s'améliore énormément comme on peut le voir sur l'exemple d'images compressées de la figure 2.9. En plus de l'amélioration de la qualité, le processus de filtrage affecte aussi le débit binaire (bitrate) en introduisant une réduction de 5 à 10%.

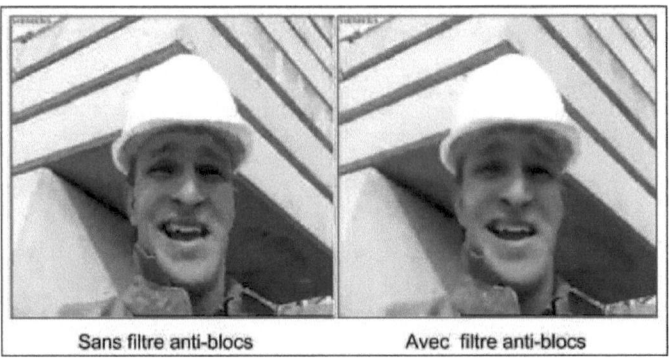

Sans filtre anti-blocs   Avec filtre anti-blocs

FIGURE 2.9 – Effet de filtre anti-blocs

2.3   Les types d'images dans la norme H264/AVC « Baseline profile »

La norme H264/AVC intègre plusieurs profils de codage (profiles) [1] qui se diffèrent entre eux par les outils, les algorithmes ainsi que les options de codages appliqués. Chaque profil est destiné à une application vidéo bien déterminée. On trouve le « Baseline profile » pour les applications mobiles et vidéoconférences, le « Main profile » pour les applications de grand public, le « extended profile » pour la diffusion en streaming et le « high profile » pour les applications TV de haute définition et le stockage.

Dans ce manuscrit on s'intéresse uniquement au Baseline profile. Ainsi, pour ce type de profil, on aura deux types d'images « I frame » et « P frame » comme indiqué par la figure 2.10 :

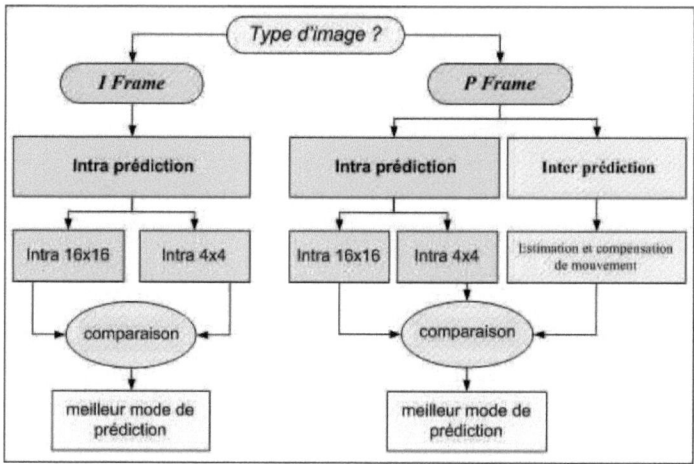

FIGURE 2.10 – Les types d'images pour la norme H264/AVC Baseline profile

- Intra Frame « I Frame » : Au niveau de ce type d'images, seulement l'intra prédiction est appliquée avec ses deux types de prédiction (intra16x16 et intra4x4). Le meilleur mode qui engendre le minimum de distorsion (SAD : Sum of Absolute Difference) sera sélectionné. Les images I sont généralement utilisées pour rafraichir la scène vidéo quand on a des changements de plan par exemple.

- Predicted Frame « P frame » : les deux types de prédiction sont appliqués : l'intra prédiction et l'inter prédiction qui est basée sur l'estimation de mouvement. Une comparaison est effectuée entre les 3 modes de prédiction selon leurs Costs. Le type de prédiction, qui induit une distorsion minimale, sera sélectionné.

2.4 La décomposition hiérarchique d'une vidéo

Pour la norme H264/AVC Baseline profile, une séquence vidéo est une succession des GOP (Group Of Pictures) comme indiqué par la figure 2.11. Chaque GOP est un ensemble des images « Frames ». La première image de chaque GOP est une image intra « I Frame » et le reste sont des images de type P « Predicted Frames

». La taille du GOP est variable et peut prendre les valeurs 8 (une image I et sept images P), 16 ou 32.

Les images peuvent être aussi découpées en tranches « slices » indépendantes les unes des autres. Ainsi, les MBs de la première ligne de chaque slice ne tiennent pas compte des voisinages en haut. La prédiction de ces MBs se fait seulement en exploitant les pixels voisins du MB à gauche. Une slice peut comporter une ou plusieurs lignes de MBs. Chaque ligne comporte un nombre N de MBs de taille 16x16 selon la largeur de l'image. Ces MBs sont aussi découpés en blocs de taille 4x4 utilisé au niveau de l'intra4x4, transformée ICT etc.

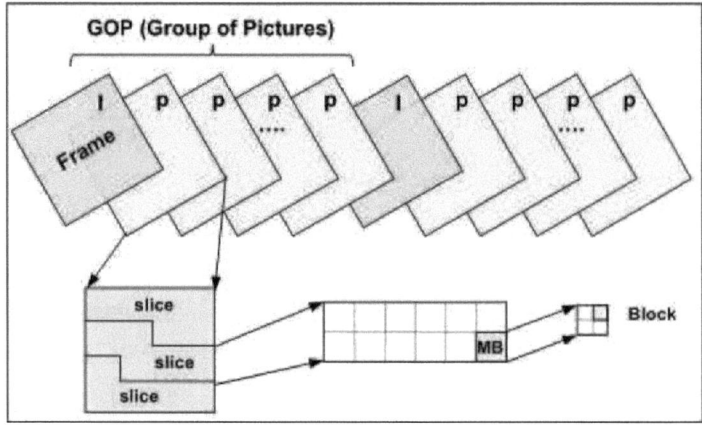

FIGURE 2.11 – La décomposition hiérarchique des données pour la norme H264/AVC

2.5   Les différents types de partitionnement

A partir de la structure de l'encodeur H264/AVC et de la décomposition hiérarchique de données dans une séquence vidéo, nous pouvons explorer deux principaux types de partitionnement :

2.5.1   Partitionnement fonctionnel : Task Level Parallelism TLP

Le partitionnement fonctionnel consiste à décomposer l'encodeur en plusieurs étapes, les identifier en groupes de tâches égaux au nombre d'unités de traitement (cœurs, processeurs) disponibles sur le système et exécuter ces groupes de tâches simultanément en les pipelinant.

Ce type de partitionnement doit être basé sur le résultat d'un profilage préalable de l'encodeur pour distinguer les sources de complexité de calcul et les parties les plus gourmandes en termes de temps d'exécution. Ainsi, la complexité de calcul de différentes tâches doit être prise en considération afin de maximiser le gain de codage et assurer un équilibre de charge sur les différentes unités de traitement. Enfin, lors du regroupement des fonctions, le coût de synchronisation doit être minimisé autant que possible, en éliminant les dépendances de données entre les différentes tâches. Par exemple, les modes de l'intra prédiction (13 modes) et les modes de l'inter prédiction (7 modes) peuvent être traités en parallèle puisqu'il n'y a pas des dépendances entre eux. Par contre, la transformée entière, la quantification et le codage entropique doivent être traités en série afin de respecter les dépendances entre eux.

2.5.2 Partitionnement de données : Data Level Parallelism DLP

Ce type de partitionnement consiste à exploiter le parallélisme existant entre les différentes structures de données de la norme H264/AVC (figure 2.11). En profitant de la décomposition hiérarchique d'une séquence vidéo, plusieurs niveaux de données pourraient être traités simultanément sur différentes unités de traitement. Cependant, ce type de parallélisme est limité par les dépendances que ce soient spatiales ou temporelles qui existent entre ces différentes structures de données. Dans cette section, nous étudierons ces dépendances ainsi que nous présenterons les diverses techniques de parallélisme de données qui pourraient être appliquées en respectant ces dépendances. Nous discuterons aussi les avantages et les inconvénients de ces techniques par rapport à l'algorithme de codage ainsi que les contraintes qu'elles imposent sur le système d'exécution.

2.5.2.1 Dépendances spatiales de l'encodeur H264/AVC

Elles existent entre les MBs de la même image à encoder. Ces dépendances apparaissent au niveau de trois modules essentiels :

2.5.2.1.1 Dépendances au niveau de l'intra prédiction

Pour déterminer le MB prédit qui correspond au MB courant de cordonnées (Y, X) de l'image courante à encoder, le module d'intra prédiction utilise les pixels des MBs voisins reconstruits (déjà encodés). Ces voisinages sont les pixels des bords du MB à gauche (LEFT : MB (Y, X-1), le MB en haut (TOP : MB (Y-1, X), le MB en haut à droite (TOP RIGHT MB (Y-1, X+1) et le MB en haut à gauche (TOP LEFT MB (Y-1, X-1) comme indiqué par la figure 2.12. Ainsi, le MB (Y, X) ne pourra être codé que si et seulement si ces MBs voisins ont été déjà codés et reconstruits.

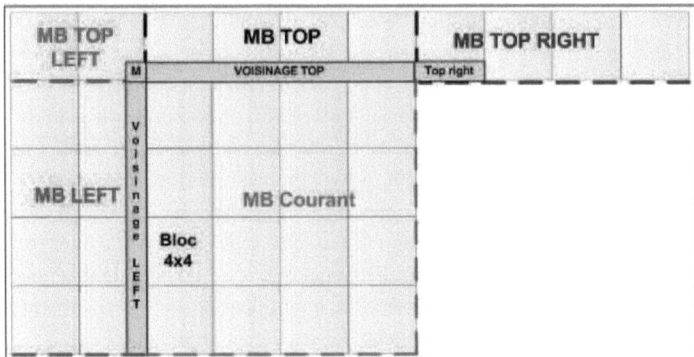

FIGURE 2.12 – Dépendances de données pour l'intra prédiction

2.5.2.1.2 Dépendances au niveau du module de filtrage

Pour filtrer un MB (Y, X), le module du filtrage nécessite quatre lignes de pixels du MB en haut (MB TOP) et quatre lignes aussi du MB à gauche (MB LEFT) comme présenté par la figure 2.13. Ainsi, pour filtrer le MB courant, il faut que le MB TOP et le MB LEFT soient déjà filtrés.

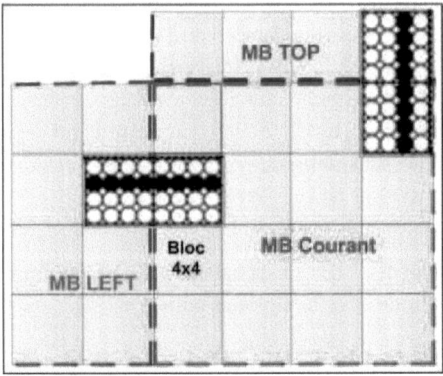

FIGURE 2.13 – Dépendances de données pour le filtre-anti-bloc

2.5.2.1.3 Dépendances spatiales au niveau de l'estimation de mouvement

Avant d'appliquer l'algorithme d'estimation de mouvement, il faut calculer tout d'abord le centre de la fenêtre de recherche (x : [-15,15] et y : [-15,15]) puisque le centre ne coïncide pas forcément avec la position (x=0, y=0). En profitant de la forte corrélation entre les MBs voisins, le centre de recherche est déterminé en calculant le vecteur de mouvement (VM) prédit du MB courant. Ce dernier est calculé par la valeur médiane de trois vecteurs de mouvement des MBs voisins déjà encodés comme l'illustre la figure 2.14.

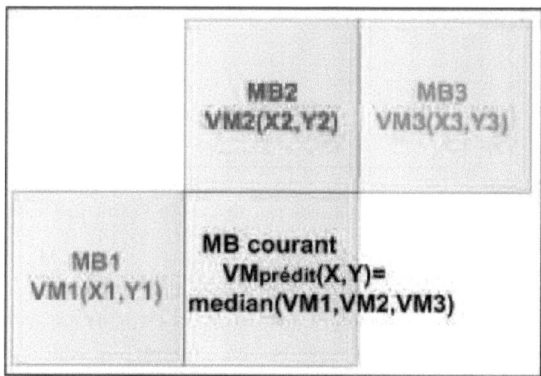

FIGURE 2.14 – Estimation du centre de recherche

Ainsi, la recherche du vecteur de mouvement réel pour le MB courant s'effectue dans la fenêtre de recherche au niveau de l'image de référence à partir de la position calculée par le VM prédit. Cette approche réduit énormément la complexité de l'algorithme de recherche et permet d'avoir un gain important en termes de vitesse d'encodage puis qu'elle assure une convergence plus rapide de l'algorithme de recherche. Ceci nous amène à effectuer l'estimation de mouvement pour le MB courant si et seulement si ses MBs voisins ont déjà été codés.

2.5.2.2 Dépendances temporelles de l'encodeur H264/AVC

Les dépendances temporelles correspondent aux dépendances qui existent entre les données qui appartiennent à des images différentes (successives dans le temps). Ceci est noté au niveau du module d'estimation de mouvement qui consiste à déterminer le vecteur du mouvement d'un MB (X, Y) dans l'image courante i par rapport à ses positions dans les images de référence i-n. La recherche est limitée, comme nous avons indiqué auparavant (section 2.2.2.2), dans une zone bien déterminée appelée « fenêtre de recherche » dont la position dans les images de référence est X-15, X+15, Y-15, Y+15. Ainsi, pour encoder un MB (X, Y) dans une image i, il faut que les MBs qui forment la fenêtre de recherche dans les images de référence i-n soient déjà codés.

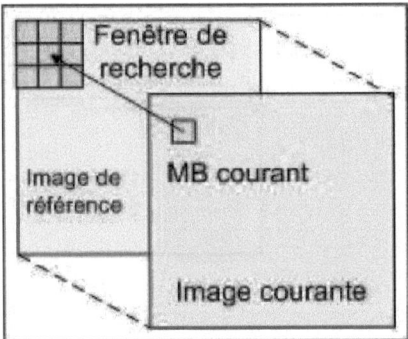

FIGURE 2.15 – Dépendances au niveau de l'inter prédiction

2.5.2.3 Les techniques de parallélisme de données

Selon la structure hiérarchique de données pour la norme H264/AVC et les dépendances partielles qui existent entre les différents niveaux, plusieurs points pourraient être notés ainsi que diverses approches de parallélisme pourraient être exploitées afin d'accélérer l'encodage.

Nous pouvons noter l'absence totale de dépendances temporelles entre les GOP successives puisque chaque GOP commence par une image intra « I Frame » qui impose seulement des dépendances spatiales (pas d'estimation de mouvement). Ainsi, plusieurs GOP pourraient être codés en parallèle et cette approche est nommée par « **GOP Level Parallelism** ». Cette approche se caractérise par une haute évolutivité et scalabilité puisque l'accélération d'encodage est améliorée en fonction du nombre d'unités d'exécution disponibles dans le système. Elle ne nécessite pas en plus un coût élevé de synchronisation et de communication inter-processeurs et n'introduit pas de distorsion ni au niveau de la qualité ni au niveau de débit puisque toutes les dépendances sont respectées. Cependant, cette technique exige la disponibilité d'une grande quantité de mémoire pour sauvegarder tous les GOP. Ceci rend cette approche inappropriée pour certaines plateformes comme les systèmes sur puce (SOC) où la surface de la puce joue un rôle important dans l'évaluation de la conception.

Nous remarquons aussi qu'il existe une dépendance partielle entre les images successives d'un même GOP. C'est une dépendance temporelle comme nous l'avons indiqué auparavant au niveau du module d'estimation de mouvement liée à la fenêtre de recherche. Ainsi, plusieurs MBs de différentes images pourraient être codés en parallèle dès que les MBs qui forment la fenêtre de recherche seraient codés. Ainsi, plusieurs images (frames) pourraient être codées en pipeline. Cette approche est notée « **Frame Level Parallelisme** ». En effet, cette méthode parallèle respecte les dépendances de données et n'engendre aucune distorsion au niveau de la qualité ni au niveau du débit. Elle présente aussi un bon compromis entre la scalabilité et la quantité de mémoire utilisée. Cependant, cette approche nécessite plus de synchronisations et de communications inter-processeurs comparé à la méthode «GOP Level Parallelism»; donc plus de complexité au niveau de l'implémentation.

Étant donné que la norme H264/AVC donne la possibilité de diviser l'image en tranches indépendantes (slices) alors, plusieurs tranches pourraient être traitées en parallèle selon le nombre d'unités de traitement disponibles. Chaque unité va traiter une tranche indépendamment des autres puisqu'il n'y a aucune dépendance spatiale entre elles. Cette approche est notée par « **Slice Level Parallelism** ». Elle est caractérisée par une haute scalabilité et un très faible coût de synchronisation entre les threads. Cette approche n'exige pas une quantité de mémoire importante sur le système et permet de réduire significativement la latence d'encodage. Cependant, cette technique de parallélisme induit une dégradation de la performance d'encodage en termes de qualité visuelle et de débit binaire puisque les dépendances spatiales ne sont pas respectées. Cette dégradation est proportionnelle au nombre de tranches dans l'image.

Finalement, puisque la procédure d'encodage dans une image se fait par MB et que ce dernier est seulement lié aux MBs voisins (MB à gauche, en haut, en haut à droite et en haut à gauche), nous en déduisons qu'il est possible à un certain moment de lancer l'encodage de plusieurs MBs d'une même image en parallèle, ceci lorsque ses voisins sont codés. Cette approche est notée par le nom de « **MB Level Parrallelism** ». Elle est caractérisée par un temps de latence très réduit et n'exige pas une grande quantité de mémoire. Cependant, le coût élevé de synchronisation, la difficulté d'assurer un équilibre de charge de travail entre les différentes unités de traitement et la communication inter-processeurs pour le transfert de données entre eux, restent les inconvénients majeurs de cette approche.

Le tableau ci-dessous représente une récapitulation sur les avantages et les inconvénients de chaque approche de parallélisme en termes de scalabilité, quantité de mémoire nécessaire, performance de codage (Qualité, débit) et coût de synchronisation.

Tableau 2.1 – Comparaison entre les approches de parallélisme

Approche de parallélisme	Task	GOP	Frame	Slice	MB
Scalabilité	Faible	Haute	Moyenne	Haute	Faible
Quantité de mémoire nécessaire	Faible	Grande	Grande	Faible	Faible
Dégradation débit/qualité	Non	Non	Non	Oui	Non
Synchronisation	Haute	Non	Faible	Non	Haute

2.6 État de l'art sur le parallélisme de l'encodeur H264/AVC

Vu la grande complexité de l'encodeur H264/AVC, qui s'accroit d'autant plus avec des vidéos à haute résolution, satisfaire la contrainte d'encodage en temps réel (25 à 30 f/s) représente un défi difficile pour les systèmes monocœurs avec une faible fréquence de CPU. Ceci entraine les développeurs à appliquer diverses techniques d'optimisation et à proposer des implémentations différentes afin d'accélérer le processus d'encodage. Nous pouvons classifier ces optimisations en plusieurs catégories :

- Optimisations algorithmiques (softwares) : elles consistent à réduire la complexité du calcul pour certains modules d'encodage en proposant de nouveaux algorithmes plus rapides tels que les algorithmes de décision de mode rapide pour l'intra et l'inter prédiction [32], [33], [34], [35], [36] etc.

- Optimisations matérielles : elles profitent des avancements au niveau des architectures configurables comme les FPGA afin d'accélérer matériellement certains modules d'encodage tels que l'estimation de mouvement [37], l'intra prédiction [38], le filtrage [39] et même faire une implémentation matérielle pour la totalité de l'encodeur [40], [41].

- Optimisations structurelles : elles consistent à proposer une méthodologie d'implémentation optimisée pour l'encodeur H264/AVC sur des systèmes monocœurs en tenant compte des allocations mémoires, transfert de données, pipeline, utilisation d'un jeu d'instruction dédié pour l'architecture cible (assembleur, intrinsics) [42], [43].

- Implémentations parallèles sur des systèmes multicœurs et multiprocesseurs : elles profitent de la nouvelle technologie des systèmes parallèles pour surmonter la limitation de la fréquence de processeurs monocœurs. En exploitant le parallélisme potentiel de l'encodeur H264/AVC que ce soit au niveau des tâches ou bien au niveau de la structure de données, diverses implémentations parallèles peuvent être proposées afin d'accélérer le traitement et augmenter la vitesse d'encodage.

Dans cette section, nous sommes intéressés à la technique d'implémentation parallèle sur diverses plateformes multi-composants. Comme nous l'avons expliqué auparavant, le parallélisme de l'encodeur peut se faire au niveau des tâches aussi qu'au niveau des données, Nous présenterons ci-dessous quelques solutions de parallélisation de l'encodeur H264/AVC exploitant le Task Level Parallelism, le GOP level Parallelism, le Frame Level Parallelism, le Slice Level Parallelism et le MB Level Parallelism ».

2.6.1 Task Level Parallelism

Plusieurs développeurs ont choisi d'appliquer le parallélisme au niveau des tâches afin d'accélérer l'encodage tout en assurant une latence minimale. A titre d'exemples, nous citons :

- Zhibin Xiao et al [44] ont partitionné les modules de l'encodeur H264/AVC sur un système many-cœur AsAP (Asynchronous Array of Simple Processors) composé de 164 cœurs DSP chacun avec une petite mémoire de haute efficacité énergétique, trois accélérateurs matériels dont un est destiné pour l'estimation de mouvement et trois mémoires partagées intégrées de 16 Kilo-octets (Ko); tous sont interconnectés par un réseau maillé reconfigurable comme illustré dans la figure 2.16.

Zhibin Xiao et al ont effectué l'encodage de la luminance et la chrominance en parallèle. Tous les modes de l'intra4x4 et l'intra16x16 sont aussi calculés en parallèle. Seulement trois modes pour l'intra4x4 au lieu de neuf et trois modes pour l'intra16x16 au lieu de quatre sont testés afin d'éliminer la dépendance avec le MB en haut à droite. Huit processeurs sont utilisés pour la transformée et la quantification et 17 processeurs pour l'encodage entropique CAVLC. Finalement, un accélérateur matériel est utilisé pour l'estimation de mouvement.

En dépit de toutes ces ressources matérielles exploitées, l'encodage en temps réel n'est pas atteint. La vitesse d'encodage obtenue est 21 f/s pour une vidéo de résolution VGA (640x480). Réduire le nombre de modes pour l'intra4x4 et l'intra16x16 induit une dégradation de la qualité visuelle ainsi qu'une augmentation au niveau de débit.

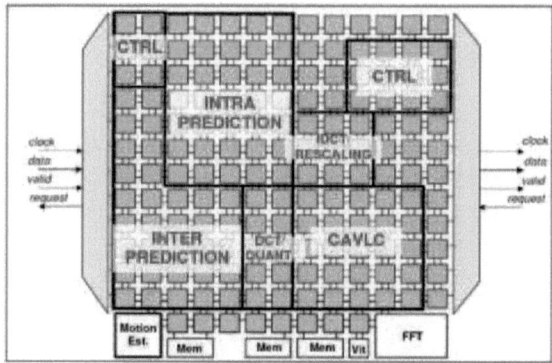

FIGURE 2.16 – Mappage de l'encodeur H264/AVC sur le système AsAP

- Hajer krichene et al. [45] ont aussi exploité la décomposition en tâches afin d'avoir un modèle parallèle de l'encodeur H264/AVC destiné aux SOCs embarqués. Leur implémentation est basée sur l'exploration du parallélisme au niveau des tâches et l'utilisation du modèle KPN (Kahn process network) [46] de calcul pour décrire l'algorithme et l'architecture. Ce modèle permet d'assurer un réseau de communication entre les processus concurrents qui communiquent d'une façon point-à-point à travers des canaux FIFO (First Input First Output) unidirectionnels.

  Dans leur implémentation, ils ont décomposé l'encodeur en plusieurs tâches. Les modules d'estimation et compensation de mouvement sont divisés en trois processus pour accélérer leurs exécutions. Les résultats expérimentaux ont montré qu'une accélération d'encodage de 3,6x est obtenue pour une résolution QCIF (176x144). Cependant, le temps réel n'est pas atteint vu la vitesse d'encodage obtenue pour cette résolution est égale à 7,7 f/s en utilisant quatre processeurs MIPS R3000.

- Ming-Jiang Yang et al [47] ont implémenté l'encodeur H264/AVC sur un processeur DSP Dual-core ADSP-BF561 de fréquence 600 MHz exploitant le partitionnement fonctionnel. Le principe de leur implémentation est décrit par la figure 2.19. Le Core A de ce DSP est consacré à l'exécution des modules d'intra prédiction, compensation de mouvement, transformée (directe et inverse), quantification (directe et inverse) et codage entropique. Le Core B traite le module de filtrage, l'extension de l'image et l'interpolation.

  L'exécution se fait en pipeline sur deux étapes. Cette implémentation a assuré un encodage en temps réel seulement pour la résolution CIF (352x288). Le temps réel n'est pas obtenu pour des résolutions plus élevées (22 f/s pour une résolution VGA).

- Seongmin Jo et al [48] ont exploité le modèle de programmation OpenMP pour paralléliser l'encodeur H264/AVC en utilisant l'approche TLP (Task Level Parallelism). Ils ont exécuté l'estimation de mouvement (16x16, 16x8, x8x6 and 8x8) et l'intra prédiction (intra4x4 and intra16x16) pour le MB courant et le filtrage du MB précédent en parallèle comme sept tâches indépendantes sur un processeur ARM Quad MPCore. La décision de mode et l'encodage se font par la suite en série.

  Les résultats expérimentaux ont montré que l'accélération obtenue est de 1.67 sur 4 CPU. Cette accélération est considérée faible par rapport au nombre de cœurs utilisés puisqu'on peut atteindre une valeur optimale de 4.

2.6.2 GOP Level Parallelism

Plusieurs travaux ont adopté l'approche « GOP Level Parallelism » pour se profiter de sa haute scalabilité, sa simplicité et le faible coût de communication inter-processeurs. Nous présentons à titre d'exemples :

- S.Sankaraiah et al. [49] [50] ont exploité cette technique en utilisant un algorithme multithreading. Deux GOP buffers ont été créés pour sauvegarder les images brutes non compressées. Un thread maitre planifie le chargement des images de ces buffers vers quatre buffers temporaires selon leurs types. Les images sont transférées par la suite séquentiellement vers le cœur correspondant pour l'encodage. Le thread maitre gère aussi les dépendances entre les images et leurs affectations aux cœurs libres. Quatres threads ont été créés pour faire l'encodage des images qui sont en attente dans les buffers temporaires. Les simulations ont montré qu'une accélération de 5,6x est obtenue sur un processeur Intel core2 Duo CPU T5750 et de 10x sur un processeur Intel Core2 Quad 9400 pour la résolution QCIF et CIF en utilisant le software H264/AVC JM 17.2 (Joint Model) [51].

- Rodriguez et al. [52] ont proposé une implémentation parallèle de l'encodeur H264/AVC sur des clusters (grappes d'ordinateurs) en combinant deux approches de partitionnement afin d'assurer une haute scalabilité avec une faible latence. Chaque GOP de la séquence vidéo est affecté à un groupe de processeurs. Chaque groupe comporte un gestionnaire local (P0) qui communique avec un gestionnaire global (P0') à travers le Message Passing Interface (MPI). Dès que l'encodage d'un GOP est complètement terminé, P0 demande un nouveau GOP à encoder par son groupe. Le gestionnaire global P0' informe P0 sur l'affectation du GOP en envoyant un message avec le numéro du GOP assigné.

  Les images du chaque GOP sont aussi divisées en tranches (slices). Par conséquent, chaque processeur du groupe se consacre à encoder une tranche comme indiqué par la figure 2.17. Les simulations ont été effectuées sur deux types de clusters : Mozart basé sur 4 nœuds biprocesseurs (8 unités de traitement) et Aldebaran composé de 44 nœuds de traitement Itanium II. Les simulations sur la première architecture ont montré que l'accélération obtenue varie entre 5,9 (1 GOP / 8 slices) et 6,8 (8 GOP / 1 slice) sur 8 unités de traitement. L'implémentation sur la deuxième architecture a donné une accélération qui varie entre 11 (1 GOP / 16 slices) et 14,5 (16 GOP / 1 slice) sur 16 nœuds de traitement.

  L'inconvénient de cette solution est que le cluster est une solution coûteuse et elle n'est pas destinée aux les applications embarquées. En outre, une augmentation du débit binaire est constatée du fait de l'utilisation de la technique de

Slice Level Parallelism. Et finalement, la contrainte d'encodage en temps réel n'est pas atteinte. La vitesse d'encodage obtenue est de 0,6 f/s pour l'architecture Mozart.

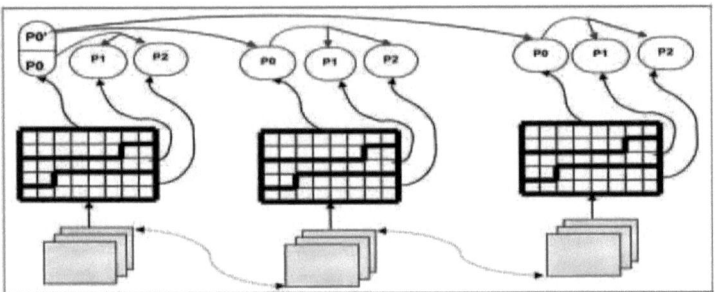

FIGURE 2.17 – Parallélisation de l'encodeur H264/AVC sur des clusters

- Fang Ji et al. [53] ont implémenté l'encodeur H264/AVC sur une plateforme MPSOC exploitant aussi l'approche de GOP Level Parallelism. Ils ont chargé trois cœurs de processeurs logiciels (softcore) Microblaze sur un FPGA XILINX. Un processeur maître est consacré à l'acquisition des images dans la mémoire partagée. Les deux autres processeurs vont encoder chacun un GOP. L'encodage des GOP se fait en pipeline. Ceci est pour réduire le retard provoqué par le problème de shadow (la dépendance de la première image P non seulement à l'image I du GOP courant mais aussi à la dernière image P du GOP précédent).

Les résultats expérimentaux ont montré que l'accélération d'encodage obtenue est de 1,831. En contre partie, le temps réel n'est pas atteint. Cette solution ne permet d'encoder que 3 f/s pour une résolution QCIF (176x144).

2.6.3 Frame Level Parallelism

En général, l'approche Frame Level Parallelism est combinée avec une autre technique de parallélisme afin d'assurer plus de scalabilité avec une faible latence d'encodage. Zhuo Zhao et al. [54] ont proposé une méthode de parallélisation notée 3D-Wavefront qui consiste à combiner la technique Frame Level Parallelism et MB level Parallelism comme l'illustre la figure 2.18. Vu que la dépendance temporelle entre les images successives est limitée au niveau de la fenêtre de recherche, plusieurs MBs dans des images différentes sont codés en parallèle. Plusieurs MBs dans la même image source sont aussi traités en parallèle. Les simulations sont effectuées sur un processeur Pentium 4 cadencé à 2,8 GHz en utilisant le software JM 9.0. L'accélération obtenue sur un tel processeur Quad cœurs est égale à 3,17 pour la résolution QCIF et à 3,08 pour la résolution CIF. Un encodage en temps réel n'est pas validé car la vitesse d'encodage obtenue est d'environ 0.6 f/s pour une résolution CIF.

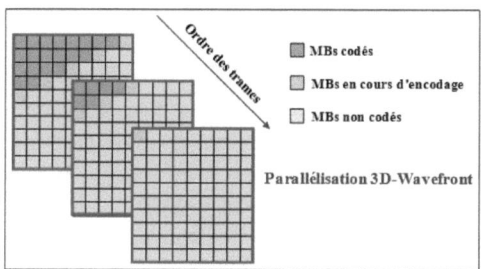

FIGURE 2.18 – Parallélisation de l'encodeur H264/AVC avec la technique 3D-Wavefront

Pour certains profils de l'encodeur H264/AVC où la notion de l'image B (Bi-directionnelle) est utilisée, nous pouvons exploiter les relations de dépendance qui existent entre les images de type I, P et B pour paralléliser le traitement d'une série de trames IBBPBBPBBPBBP. Le principe consiste à paralléliser deux images B avec la deuxième image P qui les suit comme l'illustre la figure 2.19. La performance de cette technique de parallélisme est donc liée au temps d'encodage de l'image P par rapport au temps d'encodage d'une image B et inversement.

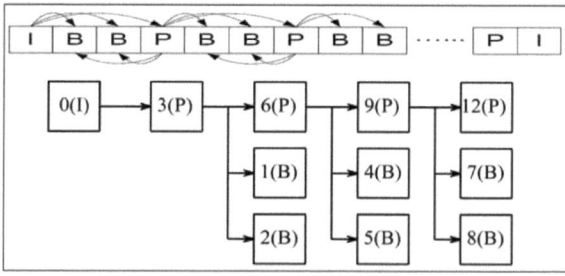

FIGURE 2.19 – Parallélisation de l'encodeur H264/AVC exploitant les relations de dépendance entre les types des images

2.6.4 Slice Level Parallelism

Certains travaux ont exploité l'approche Slice Level Parallelism pour paralléliser l'encodeur H264/AVC afin d'assurer une accélération de haute scalabilité avec un minimum de synchronisation inter-processeurs.

- Yen-Kuang et al. [55] ont combiné cette technique avec celle de Frame Level Parallelism selon la procédure indiquée par la figure 2.20. Ils ont utilisé le modèle de programmation parallèle OpenMP pour la création de threads et l'application du parallélisme. Un thread maitre « Thread0 » est créé pour gérer la lecture des images entrantes et l'écriture des images sortantes selon leurs ordres d'exécution. Ce thread divise aussi les images en tranches indépendantes et les sépare dans deux queues différentes selon leur type. Quatre threads supplémentaires sont crées pour assurer l'encodage de ces tranches. Les simulations sur 4 processeurs Intel Xeon™ dotés de la technologie Hyper-Threading montrent qu'une accélération maximale de 4,53 est obtenue pour la résolution CIF (352x288) et de 3,7 pour la résolution SD (720x480). En contrepartie de ces bons résultats, une augmentation considérable au niveau de débit est notée si le nombre de tranches est supérieur à 4 par image [55].

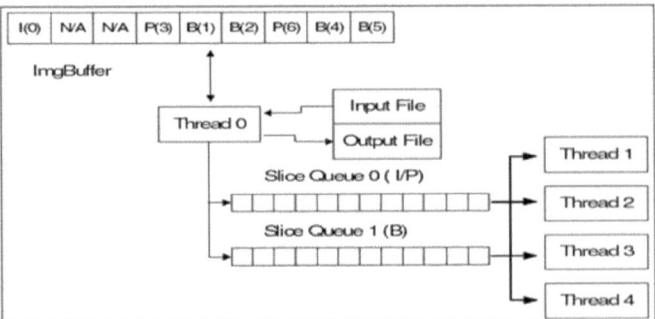

FIGURE 2.20 – Méthode de Yen-Kuang et al pour la Parallélisation du l'encodeur H264/AVC

- Olli lehtoranta et al. [56] ont appliqué la méthode Slice Level Parallelism sur 4 DSPs TMS320C6201. Un premier DSP est considéré comme « maître » utilisé pour recevoir les images brutes du PC à travers le bus PCI puis diviser chaque image en N tranches. Ce DSP affecte chaque tranche à un DSP parmi les 3 qui restent pour les encoder en parallèle. Après l'encodage, chaque DSP « esclave » envoie le bitstream codé au DSP « maître » qui va de même l'envoyer au PC pour le sauvegarder. Les résultats expérimentaux ont montré que le temps réel est seulement atteint pour la résolution CIF. On note en revanche une dégradation de la qualité vidéo en termes de PSNR de 1 dB ainsi qu'une augmentation de débit.

- António Rodrigues et al. [57] ont implémenté l'encodeur H264/AVC sur une architecture Non-Uniform Memory Access (NUMA) de 32 cœurs en utilisant 8 processeurs Quad cœurs AMD 8384. Vu la limitation du nombre de tranches à 16 tranches au max par la norme H264/AVC, l'approche Slice Level Parallelism est combinée avec l'approche MB Level Parallelism comme l'indique la figure 2.21 afin d'exploiter au maximum les cœurs disponibles (32 cœurs). Un algorithme multithreading exploitant le modèle OpenMP est utilisé pour appliquer le parallélisme et ordonnancer les tâches. Chaque tranche est affectée à un groupe de cœurs. L'encodage des tranches se fait en parallèle. Dès que les dépendances spatiales sont respectées, plusieurs MBs de la même tranche sont encodés en parallèles par les cœurs de chaque groupe. Les résultats de simulations ont montré qu'une accélération maximale de 7,4x est obtenue pour des vidéos 4CIF (704x576) en exécutant 4 tranches et 8 MBs en parallèle. Cette accélération s'augmente et atteint la valeur 12 si l'approche Slice Level Parallelism avec 16 tranches est appliquée toute seule, mais ça reste faible par rapport au nombre de cœurs disponibles (32 cœurs).

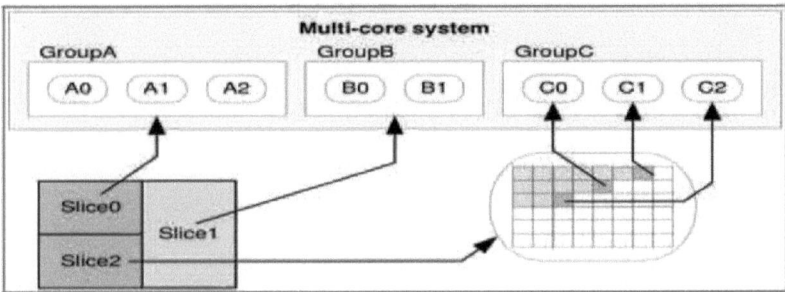

FIGURE 2.21 – Combinaison de la méthode Slice Level Parallelism et MB Level Parallelism sur une architecture NUMA

2.6.5   MB Level Parallelism

Le parallélisme au niveau de MBs représente la méthode de parallélisation la plus complexe vu sa fine granularité et le grand nombre de dépendances à respecter (intra et inter). Ceci nécessite un effort important au niveau de la programmation, des synchronisations inter-processeurs et finalement assurer un équilibre entre les différentes unités de traitement. Malgré ces difficultés, ce type de parallélisme est souvent utilisé. Il assure une bonne accélération avec une faible latence d'encodage et une scalabilité élevée. Cette technique est souvent combinée avec un autre type de partitionnement comme nous l'avons vu dans les approches précédemment présentées.

- Sun et al. [58] ont partitionné l'image en des régions adjacentes formées par des colonnes de MBs comme présente la figure 2.22. Ensuite, chaque colonne est affectée à un processeur. Ce dernier commence l'encodage de son premier MB dans la ligne directement après que le processeur antécédent termine l'encodage du dernier MB de la même ligne dans la colonne précédente. Ceci permet de respecter les dépendances spatiales entre les MBs sans avoir une dégradation au niveau de la performance de compression (qualité, bitrate). Les simulations sur un PC pentium4 cadencé à 1.7 GHz utilisant le software JM 10.2 montrent que le temps d'encodage est accéléré d'un facteur de 3,33. Cependant, la vitesse d'encodage n'atteint pas le temps réel. La solution proposée permet d'encoder 1 frame/1.67s pour la résolution CIF et 1 frame/6.73s pour la résolution SD.

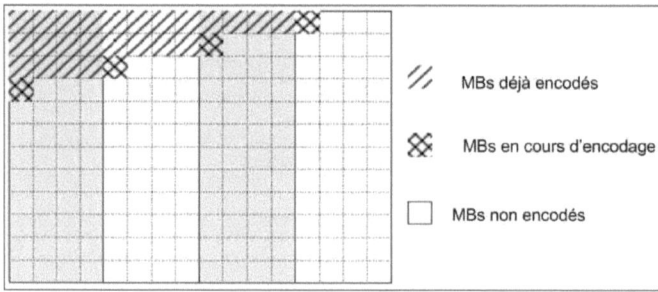

FIGURE 2.22 – Parallélisation de l'encodeur H264/AVC basée sur une partition en région de MBs

- Shenggang Chen et al. [59] ont présenté une implémentation parallèle de l'encodeur H264/AVC sur une plateforme hiérarchique de 64 cœurs DSP. Cette plateforme est formée de 16 nœuds de 4 cœurs DSP chacun. L'approche MB Level Parallelism « 2D wave-front » est exploitée afin de paralléliser l'encodage. Dès que les dépendances spatiales sont vérifiées, plusieurs MBs sont encodés en parallèle en attribuant chaque MB à un nœud. Afin que tous les cœurs de chaque nœud soient occupés, les modules d'encodage d'un MB tels que l'estimation de mouvement, l'intra prédiction et la décision de mode sont aussi parallélisés. Cette implémentation a permis d'accélérer la procédure d'encodage d'un facteur de 13, 24, 26 et 49 respectivement pour la résolution QCIF, SIF(352x240), CIF et HD sans introduire de dégradation de la qualité vidéo.

- Bruno Alexandre [60] a développé une implémentation parallèle pour le module d'intra prédiction, utilisant les ressources de calcul d'un GPU Nvidia GeForce 580 GTX contenant 512 cœurs de fréquence 1,5 GHz et exploitant le modèle de programmation « CUDA ». Le mode d'encodage utilisé est « intra only » ce qui fait que toutes les images sont de type I (intra) donc pas de dépendances temporelles. L'encodage de MBs est lié seulement aux dépendances spatiales. Trois méthodes de parallélisme ont été appliquées : « Frame Level Parallelism

», « MB Level Parallelism 2D wavefront » et « Task Level Parallelism » comme présenté dans la figure 2.23 et la figure 2.24.

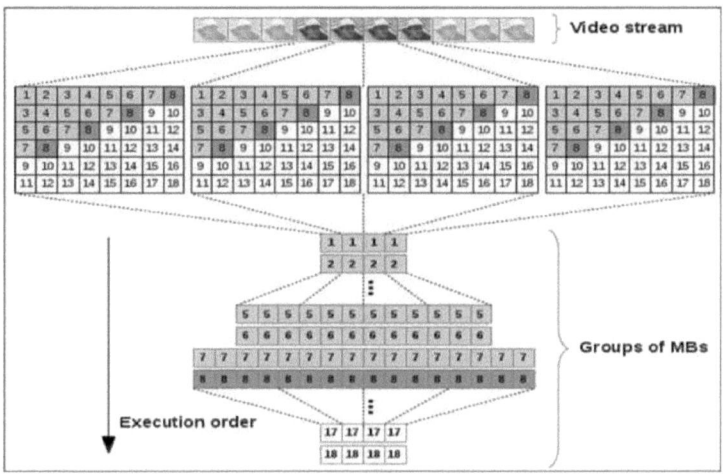

FIGURE 2.23 – MB Level Parallelism 2D wavefront pour des images I (intra)

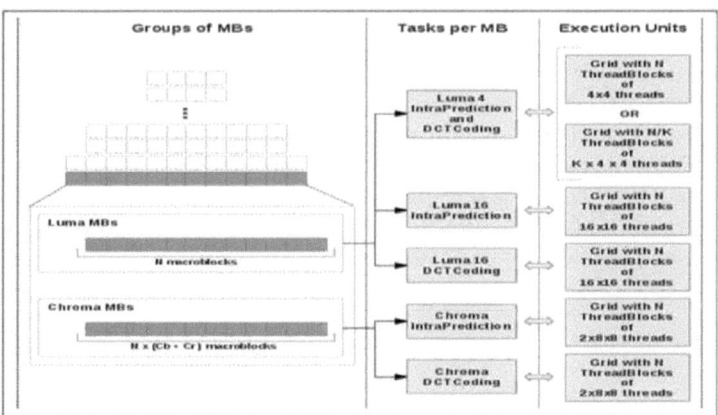

FIGURE 2.24 – Mappage de données et de fonctions pour le module d'intra prédiction sur GPU

Plusieurs images sont traitées en parallèle vu l'absence de dépendances entre les images I. En outre, plusieurs MBs dans la même image sont aussi encodés en parallèle dès que leurs voisins sont traités. L'encodage de la luminance et la chrominance se fait aussi en parallèle. L'intra4x4, l'intra16x16 et la prédiction chroma sont aussi exécutées d'une manière concurrente sur différents blocs GPU comme présenté par la figure 2.24. Les résultats expérimentaux ont montré qu'une accélération de 11x est obtenue pour le module d'intra prédiction. Cependant, le temps total d'encodage est augmenté pour la résolution CIF à cause du temps pris pour l'initialisation des tasks et la communication CPU-GPU pour l'envoi des données dans les deux directions. Le temps réel est atteint pour la résolution CIF. Les vitesses d'encodage obtenues sont en moyenne 30 f/s pour la résolution CIF, 13,6 f/s pour la résolution 4CIF (705x576) et 3,75 f/s pour les vidéos HD 1080p (1920x1080).

2.7 Conclusion

Dans ce chapitre, nous avons présenté la norme H264/AVC en détaillant chaque module de l'encodeur et en illustrant les dépendances qui existent entre les différentes tâches et les structures des données. Nous avons discuté les différentes techniques de partitionnement et les approches de parallélisme à appliquer afin d'accélérer la vitesse d'encodage et répondre aux exigences de traitement en temps réel. Un état de l'art sur le parallélisme de l'encodeur H264/AVC sur différentes architectures parallèles que ce soient généralistes ou embarquées est détaillé. Nous avons cité la plupart des solutions existantes telles que les solutions multithreading, multiprocesseurs et multicœurs. Nous avons également mentionné les différentes implémentations parallèles exploitant les diverses approches de parallélisme que ce soit le Task Level Parallelism, GOP Level Parallelism, Frame Level Parallelism, slice Level Parallelism et MB level Parallelism.

Cette étude va nous permettre de choisir les approches les plus adaptées à notre architecture DSP multicœur afin d'assurer une implémentation parallèle de l'encodeur H264/AVC. Elle nous aidera a bien exploiter le parallélisme potentiel de cet encodeur en respectant les dépendances exigées par la norme afin d'éviter une dégradation de la performance d'encodage en termes de qualité vidéo et débit binaire.

Chapitre 3

Optimisation et implémentation monocœur de l'encodeur H264/AVC sur un DSP TMS320C6472

Ce chapitre présente la méthodologie suivie afin de réaliser une implémentation optimisée de l'encodeur H264/AVC sur un seul cœur DSP TMS320C6472 avant de passer à une implémentation multicœur. La première partie de ce chapitre décrit notre plateforme et défend notre choix d'un DSP multicœur. Dans les parties suivantes, nous présenterons les différentes optimisations appliquées que ce soit structurelle, matérielle et algorithmique afin d'accélérer le traitement des données et améliorer la vitesse d'encodage tout en assurant une bonne performance d'encodage en termes de qualité vidéo et débit de compression. La version monocœur optimisée sera le point de départ d'une implémentation parallèle de l'encodeur H264/AVC afin d'atteindre le temps réel pour des vidéos de haute définition en exploitant les six cœurs disponibles dans le DSP TMS320C6472.

3.1 Introduction

Comme nous l'avons indiqué au niveau du chapitre précédent, l'encodeur H264/AVC permet d'atteindre une haute performance d'encodage en termes de qualité vidéo et taux de compression en comparant avec les anciens standards. Cette performance entraine une haute complexité de calcul due aux nouvelles fonctionnalités intégrées dans la chaîne de codage.

Assurer un encodage vidéo en temps réel pour une résolution HD représente un défi important pour la plupart des processeurs monocœurs programmables. En plus, comme actuellement les systèmes embarqués sont devenus de plus en plus utilisés dans divers domaines d'application multimédia telles que la domotique, sécurité, militaire, robotique et télécommunication ; ainsi une solution logicielle embarquée de l'encodeur H264/AVC représente aussi un autre défi plus difficile puisqu'il faut répondre aux exigences de l'embarqué au niveau des ressources matérielles comme la mémoire et de la consommation d'énergie.

C'est le contexte de notre travail qui sera utile pour la récente norme HEVC. Le but est de concevoir un encodeur H264/AVC embarqué de haute résolution fonctionnant en temps réel qui pourrait être intégré dans divers systèmes multimédia tels que la vidéo surveillance, la TV numérique HD, les caméras intelligentes (smart cameras), les smartphones, les systèmes de sécurité automobiles, les robots commandés a distance et les avions sans pilote etc. Nous visons une solution logicielle, caractérisée par une forte flexibilité par rapport aux IPs qui existent actuellement dans les processeurs iMx6, ARM, Raspberry Pi etc, qui permet de tout paramétrer (Qualité, débit etc). Cette flexibilité logicielle permet aussi l'évolutivité de système en suivant les améliorations de codage comme la migration vers la nouvelle norme HEVC.

Pour surmonter la complexité de la procédure d'encodage d'une part et compenser la faible fréquence de processeurs d'autre part, diverses approches dans l'état de l'art ont été appliquées afin de répondre aux exigences de traitement en temps réel. En effet, appliquer des optimisations algorithmiques au niveau des modules d'encodage, concevoir des accélérateurs matériels en VHDL et les implémenter sur des FPGA et finalement exploiter les nouvelles architectures des systèmes embarqués (multiprocesseurs ou multicœurs que ce soient homogènes ou hétérogènes) sont en général des solutions intéressantes qui pourraient être exploitées pour réaliser une implémentation optimisée capable de fonctionner en temps réel.

3.2   Plateforme cible

Actuellement, la majorité des solutions embarquées existantes sur le marché pour l'encodeur H264/AVC sont ou bien implémentées sur des IPs matériels (ASIC) ou bien sur des processeurs programmables comme les DSP, les processeurs ARM etc. Les IPs matériels permettent d'assurer une bonne performance d'encodage en termes du temps réel pour certaines résolutions mais ils sont caractérisés par une faible flexibilité de telle sorte qu'on ne peut pas suivre les améliorations du standard vidéo et modifier les paramètres d'encodage selon la scène filmée. Les processeurs programmables offrent une forte flexibilité de programmation ce qui rend possible l'évolutivité du standard et son paramétrage. En outre, les processeurs programmables, et en particulier les DSP qui sont économes en énergie sont caractérisés par un coût de développement et un temps de mise en marché (Time to Market) réduits en comparant au développement des ASICs. En plus, avec l'évolution de la technologie VLSI,

les nouveaux DSPs sont caractérisés par une haute performance de calcul avec une
faible consommation d'énergie ce qui les rend plus appropriés pour des nombreuses
applications embarquées. Cependant, en passant à des vidéos de haute résolution,
un composant monocœur n'est pas généralement capable de satisfaire un encodage
HD en temps réel [61]-[70] sans l'utilisation d'IPs internes figés vu d'une part la
complexité de ce standard et de l'autre part la limitation de la fréquence du processeur. Pour cela, nous avons décidé d'exploiter la technologie DSP multicœur pour
concevoir un encodeur vidéo embarqué H264/AVC de résolution HD et dont le but
est de satisfaire la contrainte d'encodage en temps réel et assurant des bonnes performances en termes de qualité vidéo, taux de compression, coût et consommation
d'énergie.

Notre choix s'est fixé sur le DSP TMS320C6472 [71] qui fait partie d'une des dernières générations de DSPs multicœurs fabriqués par TI. Bien que très performant,
il est caractérisé par un prix concurrentiel et une faible consommation électrique
(0,15 mW / MIPS à 3 GHz) en comparant avec les GPPs et les GPUs [72] [73]
ce qui le rend approprié et idéal pour de nombreuses applications embarquées. En
revanche, il faut bien connaitre l'architecture interne de ce type de processeur afin
de l'exploiter efficacement.

Le TMS320C6472 est basé sur six cœurs DSP C64x+, 4.8 Moctets (Mo) de mémoire sur puce, un jeu d'instructions "Very Large Instruction Word" (VLIW) et
une fréquence de 700 MHz pour chaque cœur se combinent tous pour offrir une
performance de 33600 MIPS (Million Instructions Par Seconde). En effet, 8 unités
d'exécution travaillent en parallèle à chaque cycle d'horloge (700MHz x 8 unités x
6 cœurs = 33600 MIPS). Noter également que cette architectures VLIW est déterministe et dédiée aux applications embarquées en temps réel « dur » ; ceci doit
être pris en compte en le comparant avec les processeurs superscalaires dites GPP
(processeurs à usage général) basés sur des unités de gestion de mémoire coûteuses
(Memory Management Units) et des unités out-of-order dont le fonctionnement n'est
pas documenté.

Comme présenté dans la figure 3.1, chaque cœur C64x+ intègre une grande quantité de mémoire sur puce partagée sur deux niveaux pour chaque cœur : mémoires
niveau1 L1P et L1D de taille 32 Koctets (Ko) et mémoire locale niveau 2 (L2)
partagée entre le programme et les données de taille 608Ko. La mémoire L2 peut
également être configurée en tant que SRAM, cache, ou une combinaison de deux.
Les six cœurs ont aussi une mémoire partagée SL2RAM (Shared L2) de 768 Ko ce qui
permet d'éliminer dans certains cas l'accès à la mémoire externe DDR2 et ainsi accélérer l'exécution puisque les mémoires sur puces sont plus rapides que les mémoires
externes. La performance est également améliorée en utilisant le contrôleur EDMA
(Enhanced Direct Memory Access) qui est capable de gérer les transferts de données
de mémoire à mémoire ou avec les périphériques indépendamment du CPU. Il est

ainsi possible de réduire la latence du calcul due au transfert des données d'un bloc
mémoire à un autre en l'utilisant judicieusement. De plus, le TMS320C6472 intègre
différents périphériques de communication que ce soit Gigabit Ethernet pour les applications réseaux, UTOPIA II pour les applications de télécommunication et Serial
RapidIO pour assurer une communication DSP-à-DSP. Ce processeur englobe par
conséquent tous les composants nécessaires (DMA, RAM, la gestion d'entrée-sortie)
pour communiquer avec un capteur caméra. Enfin, il est clair que les caractéristiques
de cette famille DSP en termes de performance de calcul, consommation d'énergie,
mémoire disponible, prix et time to market répondent parfaitement aux exigences
qui doivent être validées pour concevoir un tel encodeur qui pourrait être embarqué
dans un système de vision intelligent par exemple. Toutes ces performances devraient
aussi encourager les concepteurs à construire des caméras hautement évolutives qui
peuvent suivre les dernières améliorations en termes de compression vidéo.

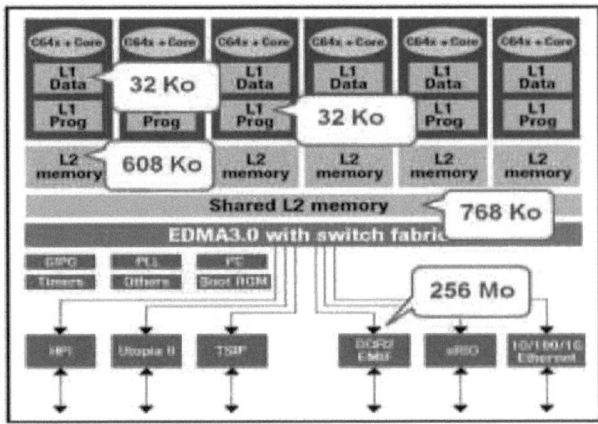

FIGURE 3.1 – Architecture interne du DSP TMS320C6472

3.3 Point de départ

Le choix d'une plateforme DSP nous amène à adapter l'algorithme de référence de
l'encodeur H264/AVC JM (Joint Model) pour qu'il soit fonctionnel sur une architecture DSP. Des travaux antécédents au sein de notre laboratoire LETI (Laboratoire
d'Électronique et Technologies de l'Information de Sfax) ont commencé ce travail.
Le résultat est un codec H264/AVC développé et testé en premier lieu sur un environnement PC pour la validation. Diverses optimisations ont été appliquées pour les
différents modules d'encodage tels que le filtre anti-bloc, la métrique de distorsion

(SAD), le module d'inter prédiction, le codeur entropique CAVLC [61] [67] [69]. Cependant, la version développée n'ést pas générique ; elle fonctionne seulement avec une résolution CIF (352x288). Nous avons considéré cette version comme un point de départ pour notre implémentation sur le DSP multicœur TMS320C6472. Nous avons donc commencé par modifier cette version pour qu'elle soit générique de telle sorte qu'elle fonctionne avec n'importe quelle résolution vidéo. Par la suite, nous avons passé à l'implémentation de ce codec sur un cœur DSP TMS320C6472. Le but étant d'avoir en premier lieu une version la plus optimisée possible avant de passer à une implémentation multicœur pour une résolution HD.

Diverses optimisations ont été proposées afin d'exploiter efficacement l'architecture interne de notre plateforme DSP et accélérer la vitesse d'encodage tout en assurant une bonne performance d'encodage en termes de qualité vidéo et de débit. Dans la partie suivante, nous présenterons ces différentes optimisations tout en détaillant les résultats obtenus pour chaque proposition.

3.4 Optimisation de la structure des données

L'optimisation structurelle des données consiste à concevoir une implémentation qui exploite efficacement un cœur du DSP et surtout l'utilisation de la mémoire interne caractérisée par sa rapidité par rapport à la mémoire externe SDRAM. Chaque cœur possède une mémoire interne LL2RAM de taille 608 Ko, partagée entre le programme et les données. De préférence et dans la mesure du possible, nous devons donc y charger le programme et les données. Deux variantes sont proposées.

3.4.1 Implémentation « MB par MB »

Cette implémentation présente la structure standard du traitement des données dans la norme H264/AVC basée sur l'encodage d'un MB suivi d'un autre jusqu'à terminer tous les MBs d'une image. Le principe de cette implémentation est décrit par la figure 3.2 et consiste à charger le code H264/AVC de taille 120 Ko dans la mémoire interne LL2RAM. Ceci laisse 488 Ko d'espace mémoire LL2RAM libre sur les 608 Ko disponible. Pour un format d'image YUV 4 :2 :0 (pour 4 pixels luminance Y, on a 1 pixel chrominance U et 1 pixel chrominance V) et pour une résolution HD, nous avons chargé dans la mémoire externe DDR2 (256 Mo) du DSP :

- L'image source (1280x720x1.5=1.32 Mo)

- l'image de référence étendue par un MB sur les 4 faces nécessaires à l'estimation de mouvement ((16+1280+16) x (16+720+16) x1.5=1.41 Mo)

- l'image reconstruite (1.41 Mo)

- le bitstream (1 Mo)

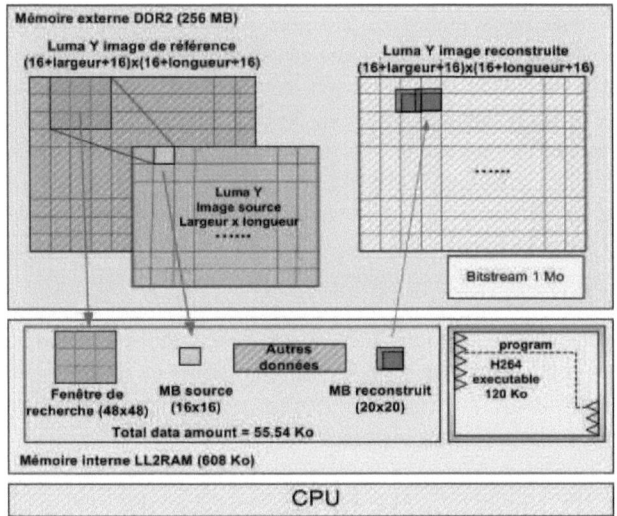

FIGURE 3.2 – Implémentation « MB par MB »

Dans notre implémentation, nous avons choisit d'utiliser une seule image de référence afin de simplifier le calcul. Pour éviter de travailler directement sur la mémoire externe, les données nécessaires pour encoder un MB sont copiées de la mémoire DDR2 vers des buffers créés en mémoire interne comme le MB source, la fenêtre de recherche et le MB reconstruit pour les 3 composantes YUV. Les autres données nécessaires pour l'encodage tels que les matrices de quantification et transformée, les MBs prédits, les matrices de SAD sont aussi alloués dans la mémoire interne afin d'accélérer le traitement et minimiser l'accès à la mémoire externe.

La quantité totale des données allouées dans la mémoire interne est égale à 55.54 Ko pour une résolution HD 720p ce qui signifie que 432.46 Ko (608 (taille L2) – 120 (code) - 55.54 (données)) de mémoire interne sont encore libres.

Le principe d'encodage d'un MB luminance Y pour cette implémentation est le suivant (même principe pour la partie chrominance) : le CPU charge un MB source (16x16) et la fenêtre de recherche (9 MBs pour chaque MB source : 48x48) de la mémoire DDR2, où il y a l'image source à traiter à cet instant t et l'image de référence qui est l'image traitée à l'instant t-1, vers la mémoire interne. Tout le traitement de la chaîne H264/AVC est effectué ainsi dans la mémoire interne du cœur DSP. Le MB reconstruit (20x20), étendu par 4 pixels en haut et 4 pixels à gauche nécessaires pour le filtrage, sera généré après avoir terminé toute la procédure d'encodage. Avant de passer au filtrage du MB (Y, X) reconstruit, il faut sauvegarder les pixels nécessaires pour la prédiction des MBs ultérieurs comme l'illustre la figure 3.3.

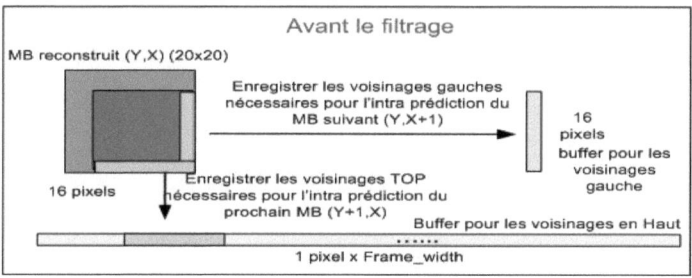

FIGURE 3.3 – Sauvegarde des pixels nécessaires pour la prédiction des MBs ultérieurs

En effet, selon la norme H264/AVC, le module d'intra prédiction utilise les pixels reconstruits non filtrés et non pas les pixels filtrés du MB à gauche de position (Y, X-1) et ceux de MBs en haut de positions (Y-1, X) et (Y-1, X+1) afin de déterminer le meilleur mode de prédiction pour le MB courant de position (Y, X) dans l'image courante. Pour cela, un buffer de taille 16 pixels est alloué dans la mémoire interne pour sauvegarder les 16 pixels de la dernière colonne du MB courant (Y, X) qui serviront comme des pixels voisins gauche (LEFT) pour l'intra prédiction du MB (Y, X+1).

Un autre buffer de taille (1 pixel x $frame\_width$) est aussi crée dans la mémoire LL2RAM pour recevoir à chaque fois les 16 pixels de la dernière ligne du MB courant (Y, X) utilisés comme des pixels voisins haut (TOP) durant la prédiction du MB de la ligne ultérieure d'abscisse (Y+1, X). Nous avons dû allouer toute cette ligne de pixels étant donné que la norme H264/AVC commence par encoder tous les MBs de la ligne Y (MB par MB) avant de passer à la prochaine ligne de MBs. Ceci nous amène à sauvegarder à chaque fois les 16 pixels de la dernière ligne du MB courant (Y, X) dans la position appropriée de la ligne de pixels afin de les utiliser après durant l'intra prédiction du MB (Y+1, X). Sans faire cette allocation, ces pixels vont être écrasés par les pixels du MB (Y, X+1).

Après avoir sauvegardé les pixels nécessaires pour l'intra prédiction, le module de filtrage est traité. Comme nous l'avons déjà indiqué dans le chapitre 2, pour filtrer le MB courant reconstruit, le module de filtrage utilise les 4 pixels filtrés de MBs voisins à gauche et en haut. Pour cela, le MB reconstruit réservé dans la mémoire interne LL2RAM est de taille (20x20) étendu par 4 pixels à gauche et 4 pixels en haut contenants les pixels filtrés de MBs voisins. Pour respecter ces dépendances, il faut suivre la démarche présentée par la figure 3.4.

Un buffer de taille (4 pixels x (4 + $Frame\_width$)) est alloué dans la mémoire interne LL2RAM pour sauvegarder à chaque fois les 4 dernières lignes du MB filtré. Ces 4 lignes de pixels serviront ultérieurement à filtrer les MB de la ligne suivante (Y+1, X). Ensuite, dès que le filtrage du MB reconstruit (Y, X) est terminé, il

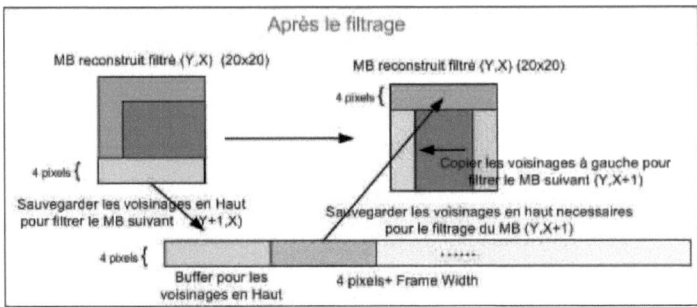

FIGURE 3.4 – Sauvegarde des pixels nécessaires pour filtrer les MBs ultérieurs

faut copier les 4 dernières colonnes de ce MB vers les 4 premières colonnes pour les
utiliser comme des pixels voisins gauche filtrés pour le MB (Y, X+1). En outre, il
faut copier (4 pixels x 20) de la ligne contenant les pixels filtrés du MBs en haut
(Y-1, X+1) vers les 4 premières lignes du MB à filtrer (Y, X+1) afin de les utiliser
comme des pixels voisins haut.

Finalement, le MB filtré sera transféré de la mémoire interne vers la mémoire
externe dans l'image reconstruite. Ce processus doit être répété jusqu'à terminer
tous les MBs de l'image courante. En passant à l'image suivante, l'image reconstruite sera considérée comme image de référence et le buffer de l'image de référence
sera utilisé pour sauvegarder l'image reconstruite filtrée de l'image actuelle et vice
versa. L'avantage de cette implémentation est qu'il est possible de l'adapter à n'importe quel type de DSP même s'il n'a pas une mémoire interne importante puisque
cette implémentation ne demande pas une grande mémoire interne, même pour une
résolution HD. On peut dire qu'elle est presque indépendante de la résolution vidéo.

Les inconvénients majeurs de cette implémentation sont d'une part, l'accès important à la mémoire externe à chaque lecture d'un MB courant, lecture de la fenêtre
de recherche et à chaque écriture du MB filtré dans l'image reconstruite. D'autre
part, la nécessité de sauvegarder, après chaque encodage d'un MB (Y, X), les pixels
voisins (à gauche et en haut) nécessaires pour la prédiction et le filtrage des MBs
ultérieurs (Y, X+1) et (Y+1, X).

3.4.1.1   Résultats expérimentaux de l'implémentation « MB par MB »

L'encodeur H264/AVC, basé sur l'implémentation « MB par MB », est implémenté sur un seul cœur DSP TMS320C6472 fonctionnant avec une fréquence de
700 MHz. Comme première étape, nous cherchons à valider le temps réel pour la
résolution CIF (352x288). Si cette étape est achevée avec succès, nous passerons à
tester l'implémentation la plus optimisée avec des résolutions plus élevées telles que

VGA (640x480), SD (720x480) et HD (1280x720).

Les premières simulations sont effectuées sur des séquences de test CIF non
compressées recommandées par les deux organisations internationales : Joint Video
Team (JVT) de ISO/IEC et MPEG & *ITUT* VCEG. Le nombre de frames encodés
est 300. La taille du GOP est 8. Le paramètre de quantification (QP) utilisé est
30. Le SAD est utilisé pour mesurer la distorsion d'encodage. Le contrôle de débit
(Rate control) est désactivé. L'algorithme utilisé pour l'estimation du mouvement
est LDPS (Line Diamond Parallel search). La performance de cette implémentation
est évaluée selon la vitesse d'encodage (frame/second) présentée par l'équation 3.1.

$$vitesse\,d'encodage(f/s) = \frac{fréquence\,du\,DSP}{nombre\,de\,cycles\,pour\,une\,image} \qquad (3.1)$$

On note que le nombre de cycle pour une image est calculé pour la fonction
d'encodage sans tenir compte des transferts avec l'extérieur.

Le tableau 3.1 présente les vitesses d'encodage calculées pour plusieurs séquences
vidéo CIF comportant des caractéristiques texturales différentes. Les résultats montrent
que la vitesse d'encodage moyenne obtenue sur un seul cœur DSP pour une résolution CIF est de 14.38 f/s. Cette vitesse ne satisfait pas la contrainte d'encodage en
temps réel 25 f/s. L'implémentation «MB par MB» est très lente, à cause, d'une part
les multiples transferts des données entre la mémoire externe et la mémoire interne
et d'autre part, les opérations de sauvegarde des voisinages après chaque encodage
d'un MB.

Tableau 3.1 – La vitesse d'encodage pour l'implémentation « MB par MB »

Séquence CIF (352x288)	Vitesse d'encodage (f/s)
Foreman	14.73
Akiyo	14.83
News	14.73
Container	14.56
Tb420	13.68
Mobile	13.76
Vitesse moyenne (f/s)	14.38

Vu ces résultats, il faut optimiser cette implémentation tout en essayant de profiter au maximum de l'architecture interne du DSP et minimiser les transferts des
données entre les mémoires.

3.4.2 Implémentation « 1 ligne de MBs »

Une deuxième implémentation a été conçue afin de réduire les points faibles de la
première implémentation « MB par MB ». Elle a pour objectif de diminuer l'accès à

la mémoire externe et éviter à chaque fois les sauvegardes de voisinages. Le principe
de cette implémentation est illustré par la figure 3.5.

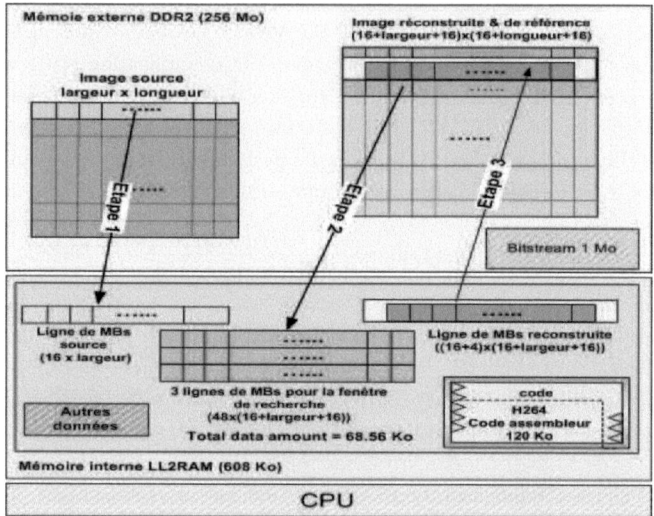

FIGURE 3.5 – Implémentation « 1 ligne de MBs »

Elle consiste à faire la lecture d'une ligne de MBs source (16 x largeur_image) et
3 lignes pour la fenêtre de recherche (48 x (16+largeur_image+16)) de la mémoire
externe vers la mémoire interne dans les buffers appropriés.

Le CPU encode toute la ligne de MBs source sans accès à la mémoire externe
et quand il termine le traitement, il transfère la ligne de MBs reconstruite (20 x
(16+largeur_image+16)) de la mémoire interne du DSP vers la mémoire externe
dans l'image reconstruite.

Cette image joue aussi le rôle d'image de référence puisque les données écrasées
ne sont plus utiles (elles sont déjà copiées dans les 3 lignes de la fenêtre de recherche).

En passant à la deuxième ligne source, il n'est pas nécessaire de charger 3 lignes
pour la fenêtre de recherche de l'image de référence, il suffit de décaler en haut les
deux dernières lignes de la fenêtre de recherche dans la mémoire interne et amener la
troisième de la mémoire externe à partir de la quatrième ligne de l'image de référence
comme l'illustre la figure 3.6 et ainsi de suite.

La quantité totale des données allouées dans la mémoire interne pour cette implémentation en considérant la résolution HD 720p est de 206 Ko au lieu de 55.54 Ko
pour la première implémentation. Ainsi, ce design a satisfait les contraintes mémoires
de notre plateforme DSP et 282 Ko (608 (Taille L2) - 120 (code) - 206 (données))
de mémoire LL2RAM reste encore libre.

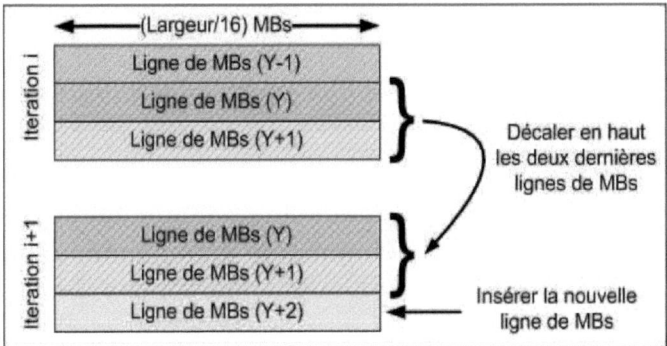

FIGURE 3.6 – Préparation de la fenêtre de recherche pour la ligne de MBs ultérieure

Cette deuxième structure de données a permis de réduire l'accès à la mémoire externe. En effet, en considérant la résolution HD (1280x720) dont une ligne fait 80 MBs (1280/16), on ne fait plus qu'un seul accès externe alors qu'il fallait 80 accès pour l'implémentation « MB par MB ».

En outre, on a éliminé la sauvegarde des voisinages à gauche pour la prédiction et le filtrage d'un MB à l'abscisse X puisque ils sont déjà existants dans la ligne reconstruite à l'abscisse X-1 comme indiqué par les figures 3.7 et 3.8.

De plus, on a réduit la sauvegarde des voisinages en haut, contrairement à l'implémentation « MB par MB » qui nécessite de faire cela pour chaque MB traité. Cette implémentation nécessite de faire la sauvegarde une seule fois après avoir terminé l'encodage de toute la ligne de MBs.

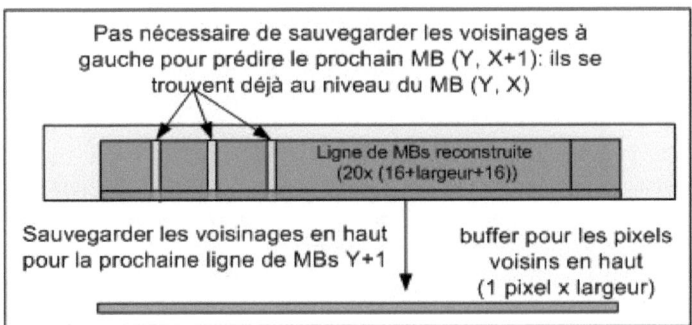

FIGURE 3.7 – Position de pixels voisins pour l'intra prédiction avec l'implémentation « 1 ligne de MBs »

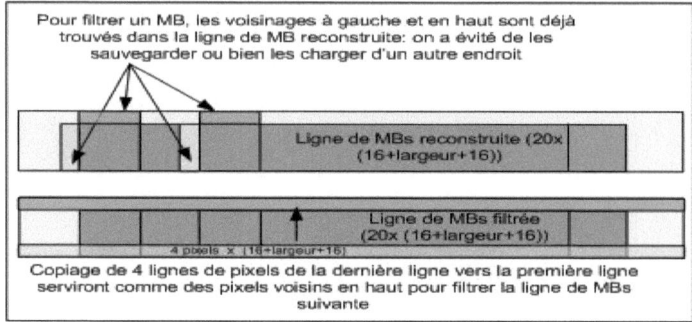

FIGURE 3.8 – Position de pixels voisins pour le module de filtrage avec l'implémentation « 1 ligne de MBs »

3.4.2.1 Résultats expérimentaux de l'implémentation « 1 ligne de MBs »

L'implémentation « 1 ligne de MBs » est évaluée avec les mêmes conditions d'encodage que l'implémentation « MB par MB ». Le tableau 3.2 illustre les résultats trouvés en termes de vitesse d'encodage pour des séquences CIF.

Tableau 3.2 – La vitesse d'encodage pour l'implémentation « 1 ligne de MBs »

Séquence CIF (352x288)	Vitesse d'encodage (f/s)
Foreman	19.96
Akiyo	20.19
News	20.02
Container	19.73
Tb420	18.67
Mobile	18.84
Vitesse moyenne (f/s)	19.56

La deuxième implémentation proposée a permis d'accélérer le temps de traitement en assurant un gain de 36.02% par rapport à l'implémentation « MB par MB » (Tableau 3.1). La vitesse d'encodage résultante passe de 14.38 f/s pour l'implémentation « MB par MB » à 19.56 f/s en moyenne pour la deuxième proposition. Malgré cette amélioration, le temps réel n'est pas encore atteint ce qui nous amène à trouver des nouvelles optimisations.

3.5 Optimisations matérielles

Pour optimiser d'avantage notre encodeur, nous avons exploité les avantages matériels du DSP tel que l'utilisation d'EDMA (Enhanced Direct Memory Access) pour réduire le temps de transfert de données combiné avec l'activation de la mémoire cache.

3.5.1 Utilisation d'EDMA : implémentation « 2 lignes de MBs »

Le but de cette optimisation est de minimiser le temps de transfert des données de la mémoire externe vers la mémoire interne et inversement en utilisant le contrôleur EDMA du DSP (Enhanced Direct Memory Access) [74]. Ce contrôleur permet de transférer des données entre deux espaces mémoires différents indépendamment du CPU. Le C6472 dispose d'un contrôleur EDMA3 permettant d'assurer un transfert en 3 dimensions [74], exploitant 64 canaux DMA et 4 canaux QDMA (Quick DMA) comme indiqué par la figure 3.9. Ces canaux peuvent être déclenchés par plusieurs méthodes (Event Triggering, manual Triggering et chain Triggering). Ils peuvent adresser 256 registres «PaRAM Sets» à travers 4 queues (files d'attente Q0 à Q3). Chaque queue peut supporter 16 événements et chaque événement dans la file d'attente est traité dans l'ordre FIFO (First Input First Output). Les registres «PaRAM Sets» contiennent les informations de configuration de transfert tel que l'adresse source, l'adresse de destination, la taille des données à transférer, le mode de synchronisation...etc. L'EDMA3 comporte 4 contrôleurs de transfert TC0 à TC3. Dès qu'un TC reçoit une demande de transfert, il va envoyer les commandes de lecture et écriture vers les périphériques cibles en se basant sur la configuration du registre «PaRAM Sets».

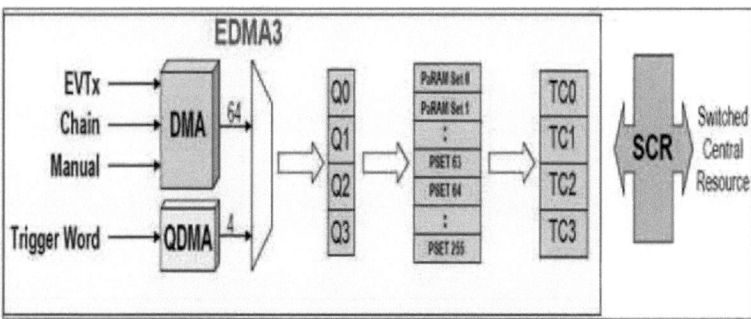

FIGURE 3.9 – Architecture d'EDMA

Pour exploiter les avantages d'EDMA, nous avons développé une troisième implémentation « 2 lignes de MBs » basée sur la notion classique des buffers « ping pong » dont le but est de paralléliser le transfert des données avec le traitement. Pour cela deux buffers « ping pong » ont été créés dans la mémoire interne : un pour les MBs sources et un pour les MBs reconstruits. Le principe de fonctionnement de cette implémentation est décomposé en trois phases comme suit :

- Première phase : pendant que le CPU encode les premières lignes de MBs source « ping » pour les 3 composantes Y, U et V, trois requêtes EDMA chargent la deuxième ligne de MBs pour ces 3 composantes de l'image source allouée dans la DDR vers la mémoire interne LL2RAM au niveau des buffers « pong ». Trois canaux EDMA sont utilisés pour charger en parallèle les 3 composantes Y, U et V. La figure 3.10 illustre la première phase de cette implémentation pour la composante Y. Le CPU et l'EDMA fonctionnent en parallèle de telle sorte qu'en passant à la deuxième ligne, le CPU entame directement l'encodage sans attendre le chargement de la prochaine ligne de MBs. Ainsi, avec cette procédure, le temps de transfert des données à encoder est presque masqué par l'encodage.

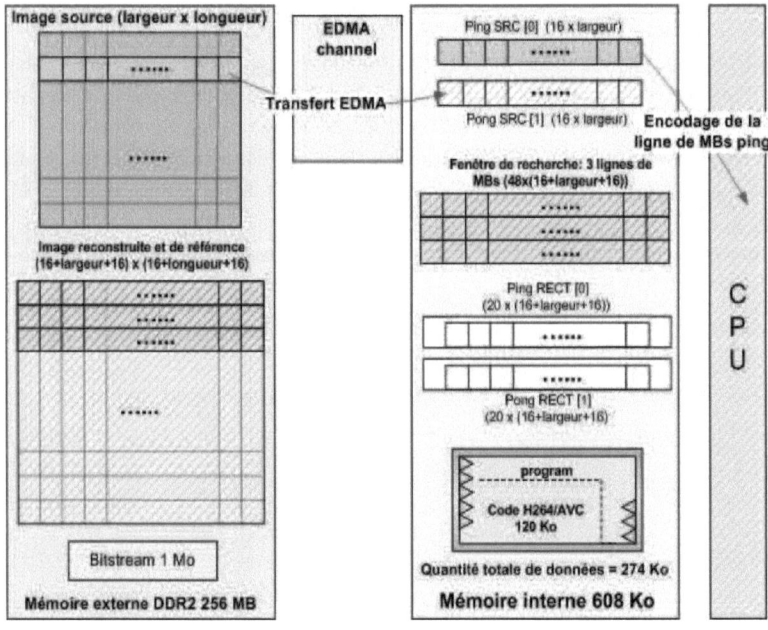

FIGURE 3.10 – La première phase de l'implémentation « 2 lignes de MBs » pour la composante Y

- Deuxième phase : puisque le module de filtrage commence après avoir terminé l'encodage de la totalité de la ligne de MBs source ainsi nous n'avons pas besoin d'utiliser la fenêtre de recherche à ce niveau, on peut exploiter cet ordre de fonctionnement pour paralléliser le filtrage avec la préparation de la fenêtre de recherche (3 lignes de MBs) pour la prochaine ligne de MBs source « pong ». Le CPU filtre la ligne reconstruite « ping » pour les 3 composantes Y, U et V et en parallèle, l'EDMA prépare les 3 lignes de la fenêtre de recherche. IL n'est pas nécessaire d'utiliser un buffer « ping pong » pour la fenêtre de recherche vu que ces données sont non utilisables au niveau du filtrage. Nous pouvons donc les écraser. L'EDMA décale les deux dernières lignes de MBs de la fenêtre de recherche vers le haut du même buffer comme indiqué par la figure 3.6, puis il amène la troisième ligne de MBs à partir de l'image de référence au niveau de DDR2 vers la troisième ligne de MBs au niveau de LL2RAM comme l'illustre la figure 3.11.

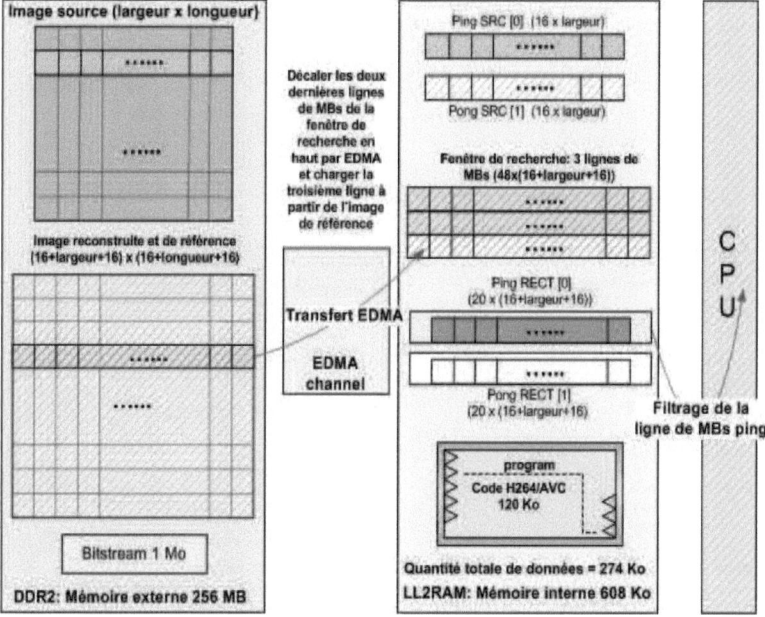

FIGURE 3.11 – La deuxième phase de l'implémentation « 2 lignes de MBs » pour la composante Y

Ceci permet de réduire le temps de transfert de données de la fenêtre de recherche et permet au CPU de lancer directement l'encodage de la prochaine ligne de MBs source étant donné que la ligne de MBs « pong » est déjà prête dans la mémoire interne ainsi que la fenêtre de recherche qui est aussi chargée.

- Troisième phase : dès que le CPU termine le filtrage de la ligne reconstruite « ping », il passe instantanément à l'encodage de la ligne de MBs source « pong » déjà chargée dans la mémoire interne LL2RAM au cours de la première phase. En même temps, 3 requêtes EDMA vont sauvegarder la ligne de MBs reconstruite filtrée pour les 3 composantes Y, U et V dans l'image reconstruite allouée dans la mémoire externe. De plus, 3 autres canaux DMA vont amener la prochaine ligne de MBs source pour les 3 composantes de la mémoire externe vers l'interne et la sauvegarder dans le buffer « ping ». Avec cette technique, l'encodage de la ligne « pong », la sauvegarde de la ligne reconstruite « ping » et le chargement de la prochaine ligne source « ping » sont effectués pratiquement en parallèle comme l'illustre la figure 3.12.

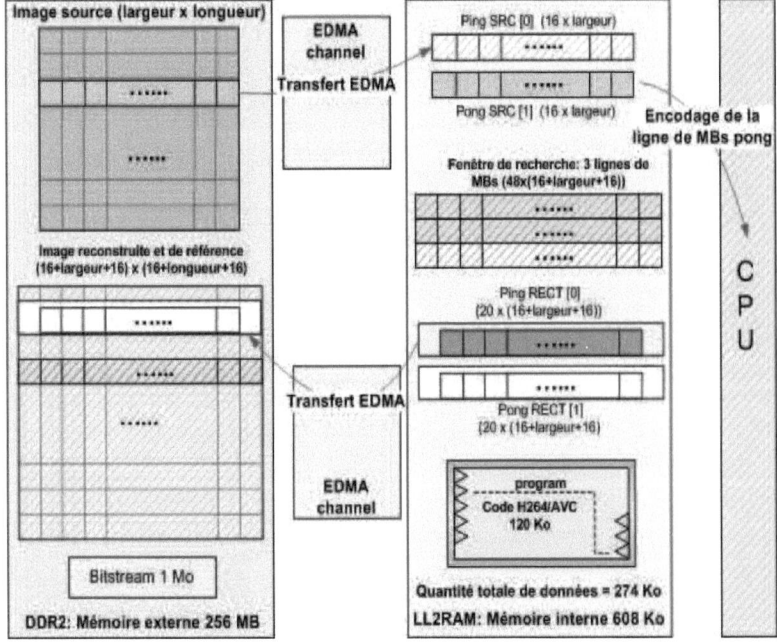

FIGURE 3.12 – La troisième phase de l'implémentation « 2 lignes de MB » pour la composante Y

Cette implémentation consomme 274 Ko des données allouées dans la mémoire interne LL2RAM pour une résolution HD (1280x720) ce qui fait que 214 Ko (608-120-274) d'espace mémoire n'est pas encore utilisé.

3.5.2 Activation de la mémoire cache

La mémoire locale de chaque cœur DSP TMS320C6472 peut également être configurée en tant que L2 SRAM, L2 cache, ou une combinaison de deux. Étant donné que l'on a encore 214 ko d'espace libre dans cette mémoire, on peut configurer une partie de cette mémoire comme cache afin d'accélérer le traitement et diminuer le temps d'accès (en lecture ou en écriture) du CPU à ces données. Pour le DSP TMS320C6472, la mémoire cache peut être configurée selon 4 voies associatives : 32 Ko, 64 Ko, 128 Ko et 256 Ko. Dans ce cas, on peut choisir la valeur du cache 128 Ko afin de minimiser la probabilité de « cache misses » c'est_à_dire l'absence des données dans la mémoire cache. Pour activer la cache, Texas Instruments fournit une bibliothèque des fonctions « chip support library (CSL) » [75] permettant de gérer les différents modules du DSP TMS3210C6472. Ainsi, pour définir la taille de la mémoire cache, la fonction "CACHE_setL2Size" est utilisée. En plus de la définition de la taille de cache, il faut nécessairement activer la cachabilité des données de la mémoire externe. Ceci est fait en mettant à 1 les bits de registre MAR correspondant à la mémoire externe (Memory Attribute Register) en utilisant la commande "CACHE_enableCaching". Si les bits de registre MAR ne sont pas mis à 1, les données de la mémoire externe ne passeront pas dans la cache même si la cache est activée.

3.5.3 Résultats expérimentaux

La troisième implémentation, basée sur l'utilisation d'EDMA pour masquer le temps de transfert des données tout en activant la mémoire cache pour réduire le temps d'accès à la mémoire externe, est évaluée avec les mêmes conditions d'encodage que les implémentations proposées auparavant. Le tableau 3.3 présente les vitesses d'encodage calculées pour des séquences CIF.

Tableau 3.3 – La vitesse d'encodage pour l'implémentation « 2 lignes de MBs »

Séquence CIF (352x288)	Vitesse d'encodage (f/s)
Foreman	22.41
Akiyo	22.40
News	22.29
Container	22.01
Tb420	20.95
Mobile	21.34
Vitesse moyenne (f/s)	21.90

Les résultats trouvés montrent que notre optimisation matérielle a assuré un gain de 11.96% au niveau du temps d'exécution par rapport à l'implémentation « 1 ligne

de MBs ». Le gain n'est pas trop important vu que le processus d'encodage est très
complexe par rapport au transfert des données. La vitesse d'encodage obtenue est
améliorée en passant de 19.56 f/s à 21.9 f/s en moyenne pour la troisième implémentation. Malgré cette amélioration, le temps réel n'est pas encore atteint ce qui
nous oblige à optimiser une fois encore notre implémentation.

3.6 Optimisation algorithmique : décision de mode rapide pour l'intra prédiction

Le profilage de notre encodeur H264/AVC, en exécutant le codec initial de notre
laboratoire LETI sur un seul cœur DSP TMS320C6472, montre que l'intra prédiction
prend la plus grande part du temps d'encodage comme l'illustre la figure 3.13.

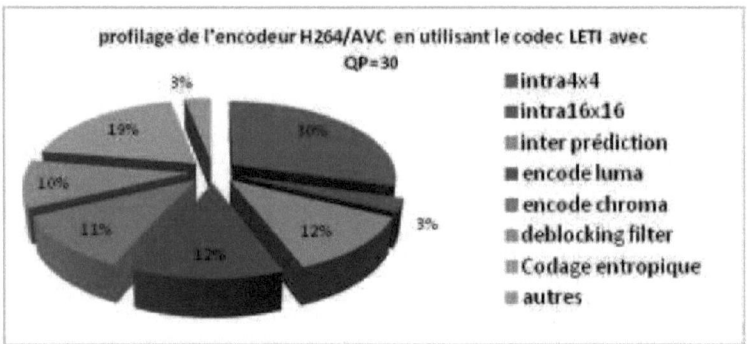

FIGURE 3.13 – Profilage de l'encodeur H264/AVC en utilisant le codec initial du
LETI

Dans la référence JM, l'inter prédiction est le module le plus complexe par rapport aux autres. Suite à diverses optimisations qui ont été appliquées dans des
travaux antérieurs pour ce module dans notre codec LETI telles que l'utilisation
d'un algorithme d'estimation de mouvement rapide LDPS, réduction du nombre de
modes testés pour l'inter prédiction et réduction de la taille de la fenêtre de recherche
[61], la complexité de calcul de ce module a été réduite considérablement. Ainsi, le
temps nécessaire pour l'intra prédiction devient relativement important en comparant avec celui de l'inter prédiction. Elle représente 33% de la complexité totale de
l'encodeur H264/AVC ce qui nous amène à l'optimiser afin d'accélérer l'encodage
tout en essayant de garder la même performance d'encodage en termes de la qualité
vidéo et du débit de compression.

3.6.1 État de l'art sur l'optimisation du module d'intra prédiction

Comme nous l'avons cité dans le chapitre précédent, la complexité de l'intra
prédiction est liée au nombre des RDOs (Costmode) calculés pour chaque MB. En
effet, pour l'intra4x4, le MB (16x16) est divisé en 16 blocs de taille 4x4. Chaque
bloc subit le calcul du Costmode selon les neuf modes de prédiction 4x4. Ainsi 144
(16x9) Costintra4x4 sont calculés pour déterminer le meilleur mode de l'intra4x4.
Pour l'intra16x16, quatre Costintra16x16 sont calculés pour sélectionner le meilleur
mode de prédiction parmi les quatre modes de l'intra16x16. Pour la chrominance
rouge et bleue (Cr, Cb), quatre Costs sont aussi calculés pour une seule composante
selon les 4 modes définis pour la chrominance. La deuxième composante suit le
même mode de prédiction que celui de la première. Au total, 152 Costs sont calculés
afin de déterminer le meilleur mode de prédiction pour chaque MB (luminance et
chrominance).

Devant cette complexité, diverses techniques d'optimisation ont été proposées
afin d'accélérer le module d'intra prédiction tout en essayant d'avoir le minimum de
distorsion au niveau de la qualité et le débit. Nous en présentons les principales :

3.6.1.1 Réduire le nombre de modes testés

Cette technique consiste à tester un nombre limité de modes de prédiction au lieu
d'effectuer un algorithme de recherche complet qui consiste à tester les 17 modes de
l'intra prédiction afin de sélectionner le meilleur mode selon le Cost (13 modes pour
la luminance et 4 modes pour la chrominance). Parmi les algorithmes de décision
rapide basés sur le principe de réduction de nombre de modes à tester, nous citons :

- L'algorithme de Jun Sung Park et al. [76] : il est basé sur la similarité entre
  le mode de prédiction du MB 16x16 et celui du bloc 4x4. En effet, il y a une
  homogénéité spatiale au niveau d'un MB ce qui fait que les blocs 4x4 au sein
  de ce MB vont suivre presque la même direction que celle du MB entier, que
  ce soit verticale, horizontale ou diagonale (Figure 3.14).

  A partir de cette observation, Jun Sung Park et al ont exploité le résultat de
  l'intra16x16 pour déterminer les modes à tester pour l'intra4x4. Le principe de
  leur algorithme est illustré par le tableau 3.4. Si par exemple le meilleur mode
  de l'intra16x16 est le mode vertical alors, les modes testés pour l'intra4x4 sont
  les modes qui ont une direction verticale (le mode vertical (0), le mode vertical
  à gauche (7), le mode vertical à droite (5). Le mode DC (2) ainsi que les modes
  des blocs voisins (Up U et Left L) sont à chaque fois testés comme le montre
  la figure 3.15. Il en résulte que cet algorithme consiste à tester entre 4 et 7
  modes au lieu de 9 pour l'intra4x4. Ceci permet de réduire dans les meilleurs

cas le nombre de costs calculés de 144 (9 modes x 16 blocs 4x4) à 64 (4 modes
x 16).

FIGURE 3.14 – Similarité entre le mode de prédiction du bloc 4x4 et celui du MB
16x16

Tableau 3.4 – Principe de l'algorithme de Jung Sung Park

Mode de l'intra16x16	Modes à tester pour l'intra4x4
0 : vertical	0-2-5-7-mode de U, L
1 : horizontal	1-2-6-8-mode de U, L
2 : DC	0-1-2-3-4-mode de U, L
3 : plane	0-1-2-3-mode de U, L

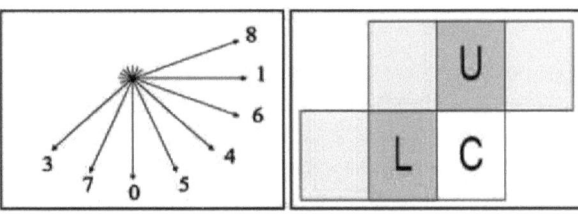

FIGURE 3.15 – Les 9 modes directionnels de l'intra4x4 et les blocs voisins pour le
bloc courant

Les résultats de simulation obtenus avec le JM 9.6 en utilisant un PC pentium4
de fréquence 2.66 GHz sur des séquences vidéo de résolution CIF ont montré
que cet algorithme a réduit la complexité de calcul du module intra prédiction
de 40%. En contre partie, cette optimisation a mené à une augmentation du
débit de 1,2% avec une légère diminution du PSNR de 0.1 dB.

- L'algorithme de Chao-Chung Cheng et al. [77] : il consiste à réduire le nombre
  de modes à tester pour l'intra4x4. Il repose sur trois étapes afin de déterminer
  les modes à tester au lieu de tester les 9 modes. Le principe de cet algorithme
  est décrit dans la figure 3.16. Comme première étape, l'algorithme calcule les
  costs des modes les plus probables (mode vertical :0, mode horizontal :1 et le
  mode DC :2). Ensuite, comme deuxième étape, si la direction du bloc est verticale par exemple (mode 0), il teste seulement les modes qui ont une direction
  verticale (5 et 7). À la troisième étape, il teste le mode qui a une direction
  plus proche (figure 3.15) que celui du mode sélectionné à l'étape 2. Cette proposition permet de réduire les modes testés à 6 au lieu de 9. Les résultats
  de simulation pour des vidéos CIF en utilisant une configuration « intra only
  » (toutes les images sont codées intra) ont montré que l'algorithme proposé
  permet de réduire la complexité de l'intra prédiction de 31% et assurer un gain
  de 16% au niveau de temps d'encodage total. En contre partie, l'optimisation
  proposée a engendré une augmentation du débit qui peut atteindre 1,5% avec
  une légère baisse du PSNR.

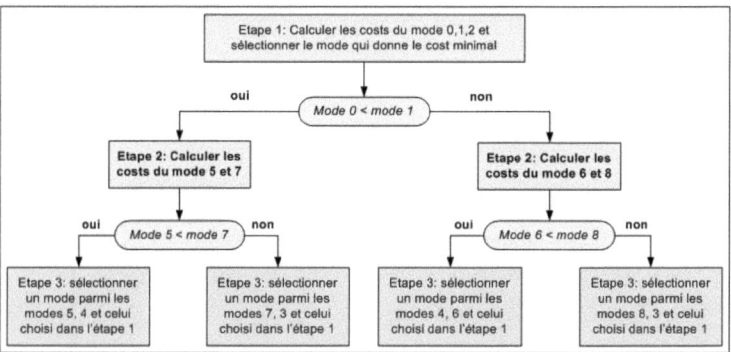

FIGURE 3.16 – Le principe de l'algorithme rapide à 3 étapes pour l'intra prédiction
4x4

3.6.1.2   Techniques basées sur la comparaison avec un seuil

Certains algorithmes de décision rapide se basent sur la détermination d'un seuil
de comparaison à partir des costs de MBs voisins, la variance du MB courant ou
celles de ces MBs voisins etc afin d'effectuer une décision anticipée du meilleur mode
de prédiction. Parmi ces algorithmes, nous citons :

- L'algorithme de Huang et al. [78] : il calcule la variance du MB 16x16 selon
  l'équation 3.2 et selon la valeur trouvée, il fait une classification du MB selon
  la complexité de texture.

$$variance = \sum_{i=0}^{15}\sum_{j=0}^{15}[y(i,j)]^2 - \frac{1}{256}[\sum_{i=0}^{15}\sum_{j=0}^{15}y(i,j)]^2 \qquad (3.2)$$

Si la variance > T1 alors le MB 16x16 est de haute texture sinon le MB est faiblement texturé. Avec T1 le seuil de comparaison qui est égal à 92735. Cette valeur a été déterminée selon des tests effectués sur différentes séquences vidéo.

Le principe de l'algorithme de Huang est présenté par la figure 3.17. Si le MB est de haute texture selon la valeur de la variance, seulement les modes de l'intra4x4 et ceux de l'intra8x8 sont testés. Dans le cas contraire, les modes de l'intra 8x8 et les modes de l'intra16x16 sont traités. L'intra8x8 est un troisième mode de prédiction qui est pris en compte dans le « High profile ». Puis que nous travaillons uniquement avec le « Baseline profile », l'intra prédiction 8x8 ne sera pas traitée.

Les résultats de simulations sur un PC Intel pentium de fréquence 2,13 GHz et en utilisant le software JM 13.2 ont montré que cette proposition a permis d'avoir un gain de temps qui varie de 7% à 53% selon la nature de la séquence et sa résolution. En contre partie, cet algorithme a engendré une augmentation du débit qui peut atteindre 0,5% avec une légère diminution du PSNR.

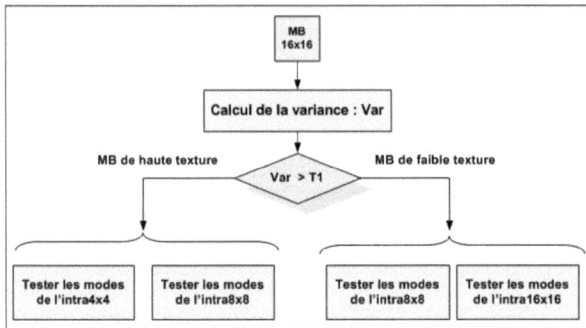

FIGURE 3.17 – L'algorithme de Huang pour l'intra prédiction basé sur le calcul de la variance

- L'algorithme de Chang et al. [79] : il s'agit de sélectionner le type de prédiction à effectuer (l'intra4x4 ou bien l'intra16x16) ou lieu de faire à chaque fois les deux en se basant sur la technique de comparaison à un seuil. La proposition de Chang est présentée par la figure 3.18. Elle consiste à calculer la somme de déviation absolue (SDA) du MB par rapport à sa moyenne m selon l'équation suivante (3.3) :

$$SDA = \sum_{i=0}^{15} \sum_{j=0}^{15} abs[y(i,j) - m] \qquad (3.3)$$

Par la suite, la valeur de SDA est comparée à un seuil adaptatif T qui n'est
pas fixe et qui dépend du paramètre de quantification QP selon l'équation 3.4.

$$T = 1050 + (\lambda_{QP} - \lambda_{32}) * 3 \qquad (3.4)$$

avec λ_{QP} est le multiplicateur de Lagrange qui dépend de la valeur de QP
définie dans l'encodeur (voir equation 2.3) et λ_{32} est la valeur avec un QP=32.

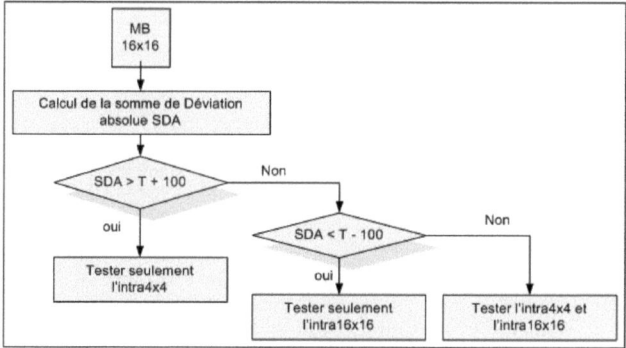

FIGURE 3.18 – L'algorithme de Chang pour l'intra prédiction

Chang a considéré que si la valeur de SDA est proche de T alors on ne peut
pas distinguer entre les deux types de prédiction. Pour cela, il compare le SDA
par rapport à T+100 et T-100. Si la valeur de SDA est supérieure à T+100,
alors il considère que le MB est non homogène et comporte plusieurs détails ;
donc l'intra4x4 est la seule prédiction traitée. Si la valeur de SDA est inferieure
à T-100, il considère que le MB est uniforme ce qui fait que l'intra16x16 est
seulement testée. Finalement, si la valeur de SDA est très proche de T alors,
les deux types de prédiction sont traités.

Cette approche permet d'avoir un gain de temps qui varie entre 52% et 64%.
En contre partie, on note une dégradation de la qualité par 0.1 dB en termes
de PSNR avec une augmentation de débit par 1.4%

- L'algorithme de Do Quan et al. [80] : basant sur une étude statistique mon-
trant que le mode DC (mode 2) est le mode le plus choisi parmi les modes
de l'intra4x4 et l'intra16x16 (figure 3.19), ils ont proposé un algorithme de
décision rapide pour la sélection de ce mode.

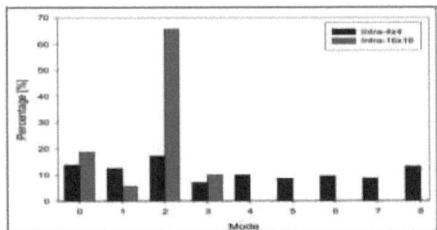

FIGURE 3.19 – Statistique sur la sélection des modes de prédiction

En effet, si les pixels voisins du bloc traité ont la même valeur ou bien sont
similaires (ils ont des valeurs proches) comme le montre la figure 3.20, le mode
DC, qui consiste à affecter la moyenne de pixels voisins à tous les pixels du
bloc ou MB traité, sera sélectionné.

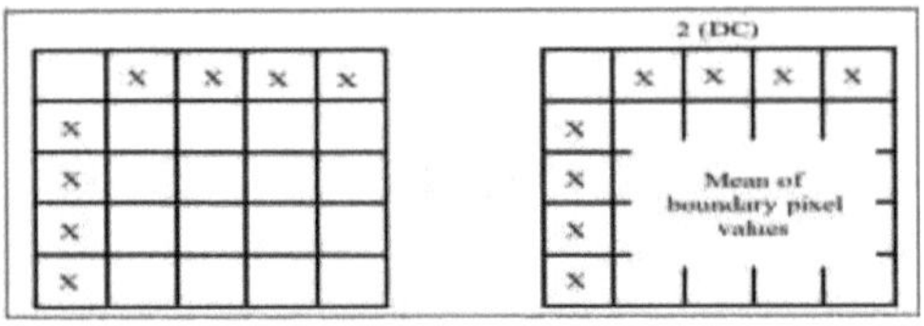

FIGURE 3.20 – Condition de sélection du mode DC

Pour cela, la variance de pixels voisins est calculée pour chaque bloc 4x4 et
chaque MB 16x16. Cette variance est comparée à un seuil adaptatif qui dépend
de la valeur du pas de quantification Qstep (il est proportionnel au paramètre
de quantification QP et qui augmente approximativement de 12,5% lorsque
QP augmente de 1). Cette comparaison sert à déterminer le degré de similarité
des pixels voisins. La valeur du seuil T1 pour l'intra4x4 et celle de T2 pour
l'intra16x16 sont définies par les équations 3.5 et 3.6.

$$T1 = (Q_{step}^2 + 8)/16 \tag{3.5}$$

$$T2 = (Q_{step}^2 + 32)/64 \tag{3.6}$$

Si la variance de pixels voisins est inférieure au seuil alors le mode DC est
choisi comme meilleur mode de prédiction sans tester les autres modes ; sinon,
tous les modes de l'intra4x4 (9 modes) et l'intra16x16 (4 modes) sont testés.
Les résultats de tests effectués sur un processeur Pentium4 de fréquence 3.6
GHz en utilisant le software JM 11.0 avec des séquences vidéo de résolution
QCIF et CIF ont montré que cet algorithme permet de réduire le temps de

l'intra prédiction de 60%. En contre partie, cette proposition a engendré une augmentation importante de débit de 4.5% avec une baisse au niveau du PSNR de 0.03 dB.

- L'algorithme de Golam Sarwer et al. [81] : il consiste à optimiser le module de l'intra4x4 en se basant sur la variance de pixels voisins du bloc 4x4 traité (P1 à P12 comme l'illustre la figure 3.21).

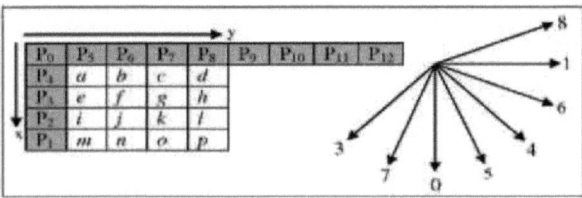

FIGURE 3.21 – Les pixels voisins du bloc 4x4 et les directions de chaque mode intra4x4

La proposition de Golam Sarwer est présentée par la figure 3.22 et elle se repartit en 3 cas :

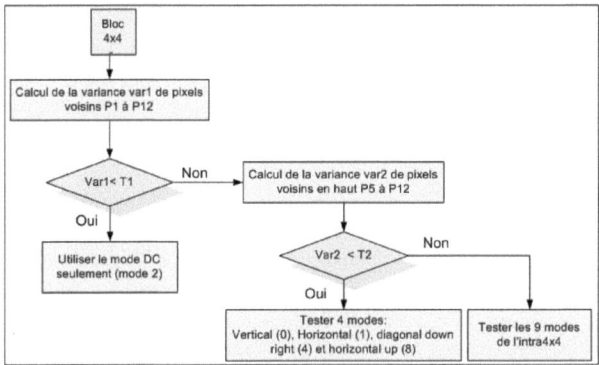

FIGURE 3.22 – L'algorithme de Golam Sarwer pour l'intra4x4 basé sur le calcul de la variance

Cas 1 : si les pixels voisins (P1 à P12) ont la même valeur ou bien sont similaires alors, les 9 modes vont donner presque le même bloc 4x4 prédit. Dans ce cas, on n'a pas besoin de calculer les 9 modes de prédiction. Seul le mode DC peut être utilisé. Ainsi, si la variance var1 de l'ensemble des pixels voisins est inférieure à un seuil T1, seul le mode de prédiction DC est utilisé. La variance varl de pixels voisins et le seuil T1 sont définis par les équations 3.7 et 3.8.

$$var1 = \sum_{i=1}^{12} |Pi - \mu1|$$
$$\mu1 = \lfloor (\sum_{i=1}^{12} Pi)/12 \rfloor \tag{3.7}$$

$$T1 = QP + 12 \; si \; QP < 24$$
$$= 5 * QP - 90 \, sinon \tag{3.8}$$

Cas 2 : si les pixels voisins en haut (P5 à P12) ont la même valeur ou bien sont similaires, alors les modes vertical (0), diagonal-down-left (3), vertical-left (7), vertical-right (5) et horizontal-down (6) vont donner presque la même valeur de prédiction. Dans ce cas, le mode vertical est le seul mode testé parmi ce groupe. Ainsi, si la variance var2 de l'ensemble des pixels voisins en haut (P5 à P12) est inférieure à un seuil T2, 4 modes de prédiction sont testés au lieu de 9 (mode vertical (0), horizontal (1), diagonal down right (4) et horizontal up (8)). La variance var2 de pixels voisins en haut et le seuil T2 sont définis par les équations 3.9 et 3.10.

$$var1 = \sum_{i=5}^{12} |Pi - \mu2|$$
$$\mu2 = \lfloor (\sum_{i=5}^{12} Pi)/8 \rfloor \tag{3.9}$$

$$T1 = \lfloor 2 * T1/3 \rfloor \tag{3.10}$$

Cas3 : s'il n'y a pas une similarité entre les pixels voisins, alors l'algorithme complet de l'intra4x4 est effectué et les 9 modes sont testés. Les résultats des simulations sur un PC Pentium 4 de fréquence 2.2 GHz avec le JM12.4 en activant seulement l'intra4x4 ont montré que l'algorithme de Golam Sarwer a permis de réduire la complexité de l'encodeur intra de 37% en moyenne avec une amélioration de la qualité vidéo en termes de PSNR de 0,37 dB et une réduction de 12,4% au niveau du débit.

3.6.1.3 Techniques basées sur la détection de la direction locale

Afin de réduire la complexité de l'intra prédiction en minimisant le nombre de modes testés, certaines propositions ont été basées sur la détection de la direction du bloc. Et selon la direction estimée, une décision sur les modes à tester est effectuée. Parmi ces algorithmes, on trouve :

- L'algorithme de ÖZGÜ ALAY [82] : il consiste à réduire le nombre de modes à tester pour l'intra4x4 en se basant sur la direction locale du bloc. En outre, il exploite le résultat de la prédiction intra4x4 pour réduire le nombre de modes à tester pour l'intra16x16. Le principe de cet algorithme pour l'intra4x4 est le suivant :

- Extraction de la direction locale du bloc 4x4 : chaque bloc 4x4 est subdivisé en 4 sous-blocs (A, B, C et D) comme l'indique la figure 3.23.

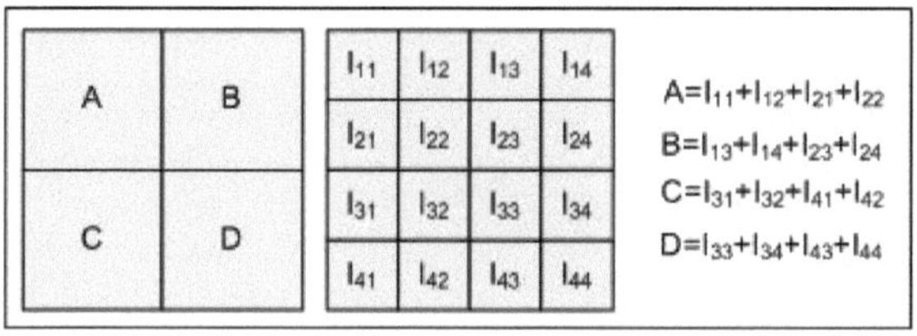

FIGURE 3.23 – Extraction de la direction locale du bloc 4x4

- Extraction des informations sur la direction horizontale et verticale du bloc 4x4

$$Pv = abs(((A + C - B - D))/s) \qquad (3.11)$$

$$Ph = abs(((A + B - C - D))/s) \qquad (3.12)$$

s=4 si QP=20 ; s=8 si 20<QP<30 ; s=12 si 30<QP<40

- Extraction des informations sur la direction diagonale droite (right Pdr) et diagonale gauche (left Pdl) du bloc 4x4

$$Pdl = abs(((A + I13 + I31 - D - I24 - I42))/s) \qquad (3.13)$$

$$Pdr = abs(((C + I21 + I43 - B - I12 - I34))/s) \qquad (3.14)$$

Le principe de l'algorithme de ÖZGÜ ALAY pour l'intra4x4 est décrit par la figure 3.24.

Selon les tests effectués sur la direction du bloc, cette proposition permet de tester un nombre limité de modes qui varie entre 1, 4 et 6 au lieu d'effectuer un test complet de 9 modes. Concernant le principe de cet algorithme pour l'intra16x16, ÖZGÜ ALAY a été basé sur certaines observations telles que :

- La distribution intra4x4 donne une idée sur le niveau d'homogénéité du MB.

- La distribution intra4x4 contient des informations sur la direction du MB.

Ainsi la distribution des modes de l'intra4x4 est exploitée pour minimiser les modes de l'intra16x16 à tester.

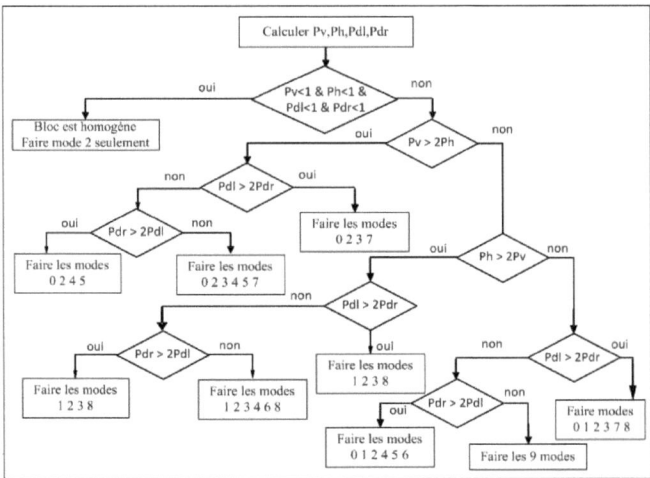

FIGURE 3.24 – Le principe de l'algorithme de ÖZGÜ ALAY pour l'intra4x4

2	1	6	0
2	1	8	5
0	5	1	4
7	0	3	1

FIGURE 3.25 – Exemple de distribution des modes de l'intra4x4

La figure 3.25 montre un exemple de distribution des modes de l'intra4x4 dans un MB 16x16.

Le principe de l'algorithme de ÖZGÜ ALAY pour l'intra16x16 est illustré par la figure 3.26.

Il consiste à éliminer le mode plane (mode 3) d'une façon définitive et de tester entre 2 ou 3 modes au maximum au lieu de 4. Si le test d'homogénéité a montré aussi que le MB est de haute texture, l'intra16x16 est non traitée et le meilleur mode choisi sera par défaut l'intra4x4. Les résultats de tests ont montré que l'algorithme de ÖZGÜ ALAY permet de réduire la complexité du module d'intra prédiction de 52% en moyenne (le nombre de modes testés). Il a permis de réduire le temps d'exécution de l'intra prédiction de 21%. En contre partie, cette proposition a introduit une remarquable augmentation de débit de 1.1% à 3% avec une baisse négligeable de la qualité vidéo en termes de PSNR.

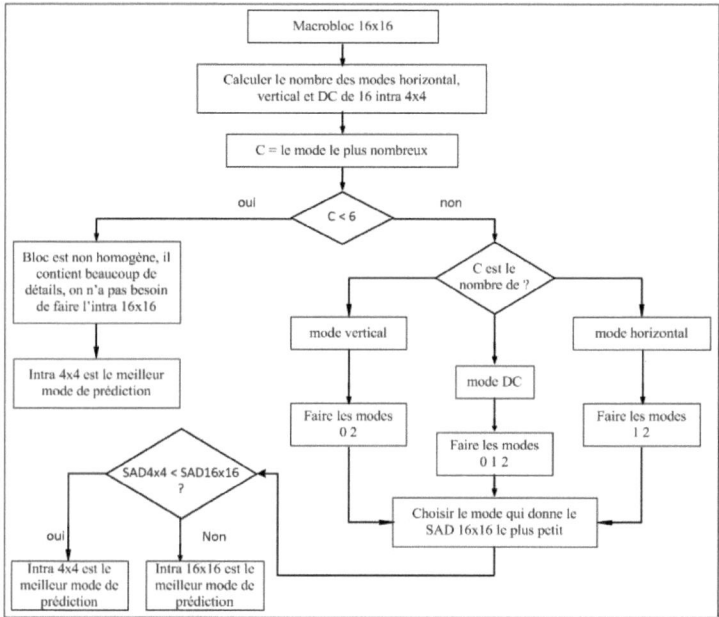

FIGURE 3.26 – Principe de l'algorithme de ÖZGÜ ALAY pour l'intra16x16

- L'algorithme de Byeongdu LA et al. [83] : il se base sur la détermination de la
  direction dominante dans le bloc en calculant la DED (Dominant Edge Direction) afin de réduire le nombre de modes à tester vu qu'il y a une corrélation
  entre les modes de prédiction et la DED comme le montre la figure 3.27.

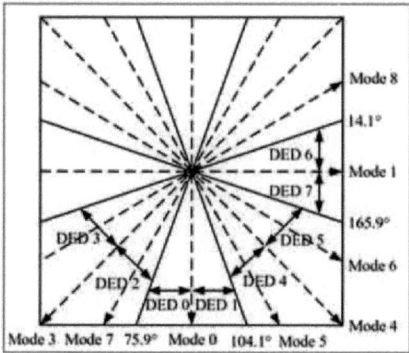

FIGURE 3.27 – La relation entre les DEDs et les modes de l'intra4x4

La DED est déterminée en appliquant la sommation et la soustraction des valeurs de pixels dans la direction horizontale et verticale. Ainsi, la décision de modes à tester se fait selon la DED sélectionnée. L'algorithme de Byeongdu concerne les trois types de prédiction : intra4x4, intra16x16 et l'intra8x8 pour la chrominance. Le principe de cet algorithme pour l'intra4x4 est le suivant :

- Calcul des composantes de directivité horizontale et verticale Ch et Cv définies par les équations ci-dessous et en se basant sur les sommations présentées par la figure 3.28.

a	b	c	d	$A=a+b+c+d$	$Cv=I-L+J-K$
				$B=e+f+g+h$	
e	f	g	h	$C=i+j+k+l$	$Ch=A-D+B-C$
				$D=m+n+o+p$	
i	j	k	l	$I=a+e+i+m$	$Cmul=Cv^*Ch$
				$J=b+f+j+n$	$CdivH= abs(Ch)/abs(Cv)$
m	n	o	p	$K=c+g+k+o$	
				$L=d+h+l+p$	$CdiV=abs(Cv)/abs(Ch)$

FIGURE 3.28 – Sommation des pixels pour l'intra4x4

- Déterminer la DED du bloc selon le diagramme présenté par la figure 3.29.

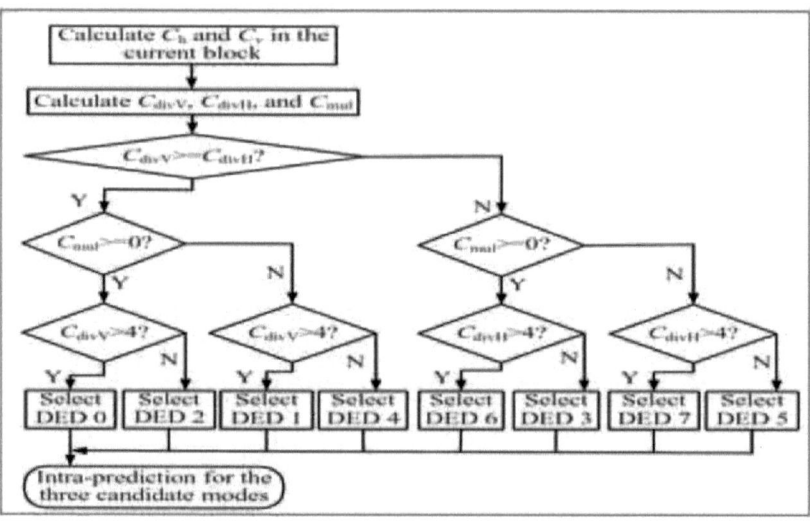

FIGURE 3.29 – L'algorithme de Byeongdu LA pour l'intra4x4

- Basant sur la DED sélectionnée, 3 modes de prédictions sont exécutés au
lieu de 9 en se basant sur le tableau 3.5.

Tableau 3.5 – Les modes de l'intra4x4 à tester selon la DED

DED	Modes testés
0	0-2-7
1	0-2-5
2	2-3-7
3	2-3-8
4	2-4-5
5	2-4-6
6	1-2-8
7	1-2-6

Pour l'intra16x16 et l'intra8x8, le même principe est appliqué. Deux
modes sont testés au lieu de 4 pour les deux types de prédiction.

Les résultats de simulations pour des vidéos de résolution QCIF et CIF
avec une configuration « intra only » ont montré que cette proposition a
permis d'avoir un gain en temps d'encodage de 67% en moyenne pour la
résolution CIF. En contre partie, une augmentation importante de 6.7%
pour le débit a été notée avec une faible dégradation du PSNR de 0.04
dB.

• L'algorithme de Pan et al. [84] : il consiste à déterminer la direction du bloc en
se servant de l'operateur de sobel utilisé pour la détection des bords. Ensuite,
un histogramme est calculé selon les amplitudes de pixels convolés par les
masques de sobel horizontal et vertical.

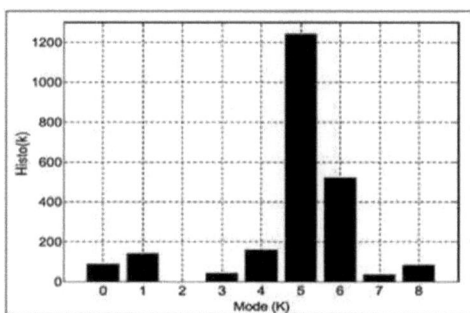

FIGURE 3.30 – L'algorithme de Pan pour l'intra prédiction basé sur le calcul d'histogramme

Pour l'intra4x4, au lieu de tester 9 modes, 4 modes seulement sont testés : le mode DC, le mode qui a la valeur de l'histogramme la plus grande et les deux modes voisins au mode sélectionné par l'histogramme en termes de direction. Pour l'intra16x16 et la chrominance, deux modes sont testés au lieu de 4 : le mode DC et le mode qui a la valeur de l'histogramme la plus grande. Les résultats de simulation avec JM6.1 en utilisant des vidéos de résolution QCIF et CIF ont montré que l'algorithme proposé avec une configuration IPPPP a permis d'avoir un gain en temps d'encodage de 26% avec une augmentation de débit qui peut atteindre 4%. Pour une configuration « intra only», la proposition de Pan assure une diminution de temps de l'intra prédiction de 60%. En contre partie, une augmentation importante de débit qui peut atteindre 6% avec une baisse de PSNR de 0,25 dB sont notées.

3.6.2 Algorithme proposé

La diversité des algorithmes proposés pour réduire la complexité du module d'intra prédiction et les résultats très intéressants obtenus (jusqu'à 60% de gain) montrent bien l'intérêt d'optimiser ce module afin d'accélérer le processus d'encodage. Bien que ces algorithmes aient réussi à réduire le temps d'exécution du module d'intra prédiction, quelques points à noter :

- Certains algorithmes [78] [81] [84] ont augmenté la complexité de calcul à cause de pré-calculs ajoutés pour prédire la direction du bloc, calcul de la variance et détermination des bords par le filtre de sobel.

- L'estimation de la direction du bord [82] [83] n'est pas toujours vraie avec chaque bloc ce qui amène dans certains cas à une prédiction non correcte.

- La technique basée sur la comparaison avec un seuil rend l'algorithme proposé dépendant au contenu de la vidéo. Ainsi, le seuil déterminé pour une vidéo pourrait être non adapté avec une autre.

- Réduire le nombre de modes à tester touche seulement la partie prédiction (calcul des costs) alors que le module d'intra prédiction comporte aussi une partie d'encodage au niveau de l'intra4x4 comme noté dans la figure 2.7. Ainsi, le gain trouvé concerne seulement la partie prédiction et non pas tout le module d'intra prédiction ce qui réduit l'efficacité de l'algorithme proposé.

- Certains algorithmes ont introduit une dégradation de la qualité vidéo en termes de PSNR avec une augmentation de débit surtout en désactivant l'option de control de débit « rate control ».

Le tableau 3.6 présente une synthèse de cette étude indiquant la dégradation du PSNR (dB), l'augmentation du débit (%) et le gain du temps obtenu pour le module d'intra prédiction (%) en appliquant un algorithme de décision rapide.

Tableau 3.6 – Récapitulatif sur les approches d'optimisation du module d'intra prédiction

Approche	PSNR (dB)	Débit (%)	Gain (%)
Ref[76]	-0.1	+1.2	40
Ref[77]	négligeable	+1.5	31
Ref[78]	négligeable	+0.05	7 à 53
Ref[79]	-0.1	+1.4	52 à 64
Ref[80]	-0.03	+4.5	60
Ref[81]	+0.37	-12.4	37
Ref[82]	négligeable	+1.3 à 3	52
Ref[83]	négligeable	+6.7	67
Ref[84]	0.25	+6	60

Afin de surmonter les points faibles des algorithmes précédents, nous présenterons notre approche de décision rapide pour sélectionner le meilleur mode d'intra prédiction.

L'objectif principal est d'avoir une prédiction précise avec le minimum de calcul sans utiliser des seuils ou effectuer des opérations supplémentaires pour déterminer la direction ou la texture du bloc. L'algorithme à proposer doit être aussi simple et efficace de telle sorte qu'il réduira toute la complexité de l'intra prédiction et non seulement la partie de calcul des costs comme il a été adopté par les algorithmes précédents. Finalement, la nouvelle approche de décision pour l'intra prédiction doit aussi assurer un gain important en temps d'exécution sans introduire une dégradation de la qualité visuelle ni une augmentation de débit.

La meilleure façon de réaliser cet objectif est de choisir la condition appropriée pour exécuter un seul type de prédiction au lieu de deux de telle sorte qu'on traite l'intra4x4 seulement ou bien l'intra16x16 seulement. Ceci nous guide à réduire le nombre des modes à tester pour la luminance ainsi que sauter la partie encodage qui fait partie de l'intra4x4 si cette dernière est non testée. L'approche que nous proposons est le résultat de plusieurs analyses effectuées sur différentes séquences vidéo de résolution CIF et HD. Ces analyses statistiques montrent que :

- Le mode « inter » est le mode le plus choisi comme meilleur mode de prédiction pour les images P en comparant avec les modes intra4x4 et intra16x16. En effet, entre 80% et 86% de MBs sont codés « inter » et seulement 15% à 20% de MBs sont codés « intra » (intra4x4 et intra16x16). Ceci est montré par la figure 3.31 présentant les pourcentages des modes de prédiction pour différentes valeurs de QP avec les résolutions CIF et HD et une taille du GOP égale à 8 (IPPPPPP). Ainsi, si un algorithme de décision rapide pour l'intra prédiction est proposé pour les images P, la distorsion au niveau de la qualité visuelle et le débit sera négligeable.

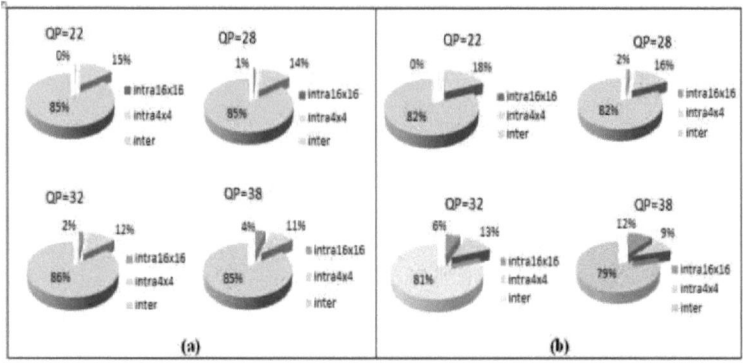

FIGURE 3.31 – Pourcentages des modes de décision pour la résolution : (a) CIF (b)
HD

- Les modes d'inter prédiction 16x16, 16x8 et 8x16 sont généralement choisis
  pour les blocs d'arrière plan et les blocs stationnaires. En contre partie, les
  modes P8x8 (8x8, 8x4, 4x8 et 4x4) sont sélectionnés pour les blocs contenant
  des détails et caractérisés par un mouvement rapide comme l'illustre la figure
  3.32.

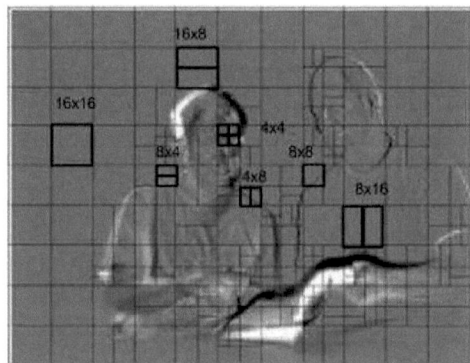

FIGURE 3.32 – Partition des modes de décision pour une image P

- Le mode intra16x16 est généralement choisi pour les MBs d'arrière plan, les
  MBs stationnaires et homogènes caractérisés par une variation légère au niveau
  de la luminance. D'autre part, le mode intra4x4 est sélectionné pour les blocs
  de haute texture où il y a une variation importante de la luminance comme
  indiqué par la figure 3.33.

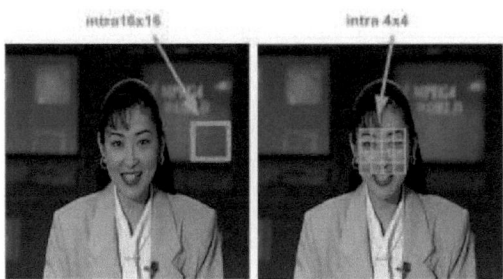

FIGURE 3.33 – Partition des modes de décision pour une image I

Basé sur ces observations, nous avons estimé qu'il y avait une haute corrélation
entre les modes d'inter prédiction et les modes d'intra prédiction. Pour cela, l'algorithme que nous proposons pour l'intra prédiction est basé sur le résultat d'inter
prédiction. Cet algorithme est présenté par la figure 3.34 et consiste à :

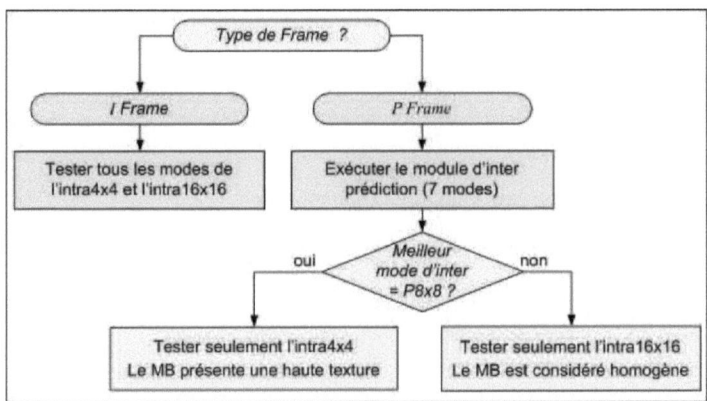

FIGURE 3.34 – Algorithme de décision rapide proposé pour l'intra prédiction

- Garder l'algorithme original de décision du mode d'intra prédiction du JM pour
  les I frames. Les deux types d'intra prédiction sont testés intra4x4 (9 modes)
  et intra 16x16 (4 modes). Ceci pour éviter d'avoir une distorsion considérable
  au niveau de la qualité et du débit.

- Pour les P frames, la décision du mode d'intra prédiction est couplée au résultat
  d'inter prédiction.

  - Si le meilleur mode d'inter prédiction est le P8x8 c.à.d. le mode 8x8, 8x4,
    4x8 ou bien 4x4 est sélectionné, alors le MB est considéré non homogène

et caractérisé par une haute texture. Dans ce cadre, l'intra 16x16 est non
exécutée et l'intra4x4 est le seul type de prédiction testé.

- Sinon, si le mode 16x16, 16x8 ou bien 8x16 est sélectionné, alors le MB
est supposé homogène et présente une faible texture. Pour cela, l'intra4x4
est non considérée et seuls les modes de l'intra16x16 sont testés.

- Pour la composante chrominance, nous avons gardé le même algorithme de
prédiction que l'algorithme de référence JM.

Au final, l'algorithme que nous proposons est relativement simple, mais efficace.
En effet, il n'ajoute aucune complexité de calcul pour avoir une décision anticipée
du mode d'intra prédiction et il élimine toute la complexité d'un type de prédiction,
et pas seulement la partie de calcul des costs.

3.6.3 Résultats expérimentaux

L'algorithme proposé est testé avec différentes séquences vidéo de caractéristiques
différentes et avec différentes valeurs de QP. Les paramètres d'encodage utilisés sont
décrits par le tableau 3.7.

Tableau 3.7 – Les paramètres d'encodage

Taille du GOP (intra period)	8
QP	22, 30, 38
Nombre de frames encodés	104 (13 GOP)
Métrique de distorsion	SAD
Encodeur entropique	CAVLC
Control de débit	off
Taille de la fenêtre de recherche	-8, +8
Nombre d'images de référence	1
Frame rate	30
Résolution	CIF (352x288) et HD720p (1280x720)

La performance de notre algorithme proposé est évaluée selon les critères cités
ci-dessous :

- ΔPSNR (dB) : la différence du PSNR entre l'algorithme proposé et l'algorithme de référence.

- ΔBits (%) : le pourcentage d'augmentation du débit en utilisant l'algorithme
proposé par rapport à l'algorithme de référence.

- ΔI16 (%) : le pourcentage de « skip » du module intra16x16

- ΔI4 (%) : le pourcentage de « skip » du module intra4x4

Ces critères sont définis par les équations ci-dessous.

$$\Delta PSNR = PSNR(propose) - PSNR(reference) \tag{3.15}$$

$$\Delta Bits(\%) = \frac{D\acute{e}bit(propose) - D\acute{e}bit(reference)}{D\acute{e}bit(reference)} * 100 \tag{3.16}$$

$$\Delta I16(\%) = \frac{Nb\_I16\_prop - Nb\_I16\_ref}{Nb\_I16\_ref} * 100 \tag{3.17}$$

$$\Delta I4(\%) = \frac{Nb\_I4\_prop - Nb\_I4\_ref}{Nb\_I4\_ref} * 100 \tag{3.18}$$

Avec :

- Nb_I16_prop et Nb_I4_prop : représentent le nombre de fois que l'intra16x16 et l'intra4x4 sont exécutées avec l'algorithme proposé.

- Nb_I16_ref et Nb_I4_ref : représentent le nombre de fois que l'intra16x16 et l'intra4x4 sont exécutées avec l'algorithme de référence.

Les résultats des simulations, présentés par les tableaux 3.8, 3.9, 3.10 et 3.11, montrent bien que notre approche permet de réduire la complexité de l'encodeur H264/AVC sans affecter la performance d'encodage. Elle assure un gain de temps d'exécution de l'intra prédiction exprimé par le pourcentage de « skip » variant de 31% à 54% pour l'intra16x16 et de 33% à 55% pour l'intra4x4 selon la résolution et la valeur de QP. La dégradation de la qualité vidéo en termes de PSNR est faible et ne dépasse pas 0.03 dB en moyenne. Notre algorithme proposé a permis d'avoir une réduction de débit qui peut atteindre 1.81% pour la résolution HD contrairement aux autres algorithmes proposés dans la littérature qui induisent une augmentation de débit avec une baisse du PSNR.

Tableau 3.8 – Performance d'encodage de l'algorithme proposé pour la résolution CIF

| séquence | QP=22 | | QP=30 | | QP=38 | |
	ΔPSNR (dB)	ΔBits (%)	ΔPSNR (dB)	ΔBits (%)	ΔPSNR (dB)	ΔBits (%)
Akiyo	-0,01	-0,86	-0,03	-1,54	-0,01	-2,01
Foreman	-0,01	-0,18	-0,01	-1,20	-0,04	-2,15
News	-0,00	-0,85	-0,01	-1,62	-0,02	-2,50
Container	-0,01	+0,16	-0,00	-0,98	+0,01	-1,92
Tb420	-0,03	+1,69	-0,06	+1,08	-0,08	-0,46
Mobile	-0,00	-0,01	-0,01	-0,16	-0,00	-0,48
Moyenne	**-0,01**	**-0,00**	**-0,02**	**-0,73**	**-0,02**	**-1,58**

Tableau 3.9 – Performance d'encodage de l'algorithme proposé pour la résolution
HD

séquence	QP=22		QP=30		QP=38	
	ΔPSNR (dB)	ΔBits (%)	ΔPSNR (dB)	ΔBits (%)	ΔPSNR (dB)	ΔBits (%)
Mob_cal	-0,01	-0,07	-0,01	-0,15	-0,02	-1,32
Parkjoy	-0,03	-0,10	-0,02	-1,04	-0,04	-3.71
Stockholm	-0,01	-0,00	-0,01	-0,59	-0,02	-1,92
Sunflower	-0,05	-0,48	-0,06	-1,78	-0,11	-2,64
Parkrun	-0,00	+0,03	-0,00	-0,05	-0,02	-0,67
Crowdrun	-0,00	-0,08	-0,00	-0,37	-0,01	-1,19
Shields	-0,01	-0,02	-0,01	-0,21	-0,03	-1,28
Moyenne	**-0,01**	**-0,10**	**-0,01**	**-0,60**	**-0,03**	**-1,81**

Ces résultats démontrent bien que notre algorithme, basé sur l'estimation de
l'homogénéité du MB à travers le résultat d'inter prédiction, a réussi à coupler la
prédiction intra avec celle de l'inter en fixant la bonne condition pour sélectionner
le bon type d'intra prédiction à tester (intra16x16 ou bien l'intra4x4).

Tableau 3.10 – Pourcentages de skip de l'intra16x16 et l'intra4x4 pour la résolution
CIF

séquence	QP=22		QP=30		QP=38	
	ΔI16 (%)	ΔI4 (%)	ΔI16 (%)	ΔI4 (%)	ΔI16 (%)	ΔI4 (%)
Akiyo	-31,11	-56,38	-45,09	-42,40	-52,20	-35,29
Foreman	-37,53	-49,96	-51,85	-35,64	-60,32	-27,17
News	-29,90	-57,59	-38,58	-48,91	-46,25	-41,24
Container	-20,27	-67,22	-42,74	-44,75	-47,93	-39,56
Tb420	-44,03	-43,46	-47,20	-40,29	-53,43	-34,06
Mobile	-27,90	-59,59	-33,88	-53,61	-43,04	-44,45
Moyenne	**-31.79**	**-55.70**	**-43.22**	**-44.26**	**-50.52**	**-36.96**

Après avoir évalué la performance de notre algorithme, nous avons implémenté
cette nouvelle proposition sur la dernière implémentation du codec LETI « 2 lignes de
MBs » sur le DSP TMS320C6472 et sous les mêmes conditions d'encodage pour une
résolution CIF et avec un QP égal à 30. Les résultats expérimentaux présentés par le
tableau 3.12 montrent que notre optimisation algorithmique pour le module d'intra
prédiction a permis d'obtenir un gain de 14.66% au niveau du temps d'encodage
global. La vitesse obtenue est augmentée de 21.90 f/s pour l'implémentation « 2
lignes de MBs » à 25.11 f/s avec l'algorithme proposé pour l'intra prédiction.

Tableau 3.11 – Pourcentages de skip de l'intra16x16 et l'intra4x4 pour la résolution HD

séquence	QP=22		QP=30		QP=38	
	ΔI16 (%)	ΔI4 (%)	ΔI16 (%)	ΔBits (%)	ΔPSNR (%)	ΔBits (%)
Mob_cal	-24.37	-63,12	-31,28	-56,22	-44,76	-42,74
Parkjoy	-31,69	-55,80	-34,42	-53,08	-44,36	-43,14
Stockholm	-43,61	-43,88	-47,91	-39,59	-59,33	-28,17
Sunflower	-48,7	-38,72	- 59,30	-28,20	-65,95	-21,55
Parkrun	-34,57	-32,09	-28,51	-58,99	-46,48	-41,02
Crowdrun	-41,50	-45,99	-49,96	-37,54	-61,30	-26,20
Shields	-34,23	-53,26	- 42,06	-45,44	-55,19	-32,31
Moyenne	**-39,05**	**-47,55**	**-41,92**	**-45,58**	**-53,91**	**-33,59**

Tableau 3.12 – La vitesse d'encodage en utilisant l'algorithme de décision rapide pour l'intra prédiction

Séquence CIF (352x288)	Vitesse d'encodage (f/s)
Foreman	25.07
Akiyo	25.98
News	26.47
Container	25.56
Tb420	23.45
Mobile	24.17
Vitesse moyenne (f/s)	25.11

Ce gain se conforme avec les pourcentages de « skip ». En effet, avec un QP égal à 30, le pourcentage de « skip » est d'environ 44% (tableau 3.10) ; et puisque l'intra prédiction représente 33% de la totalité du temps d'encodage, alors le 44% de 33% est équivaut à 14,5%.

Finalement, en combinant toutes les optimisations proposées, que ce soient structurelles, matérielles et algorithmiques, nous avons réussi à atteindre un encodage en temps réel 25 f/s pour la résolution CIF sur un seul cœur DSP.

Nous avons ensuite testé notre implémentation sur des vidéos de résolution plus élevée telle que la résolution SD (720x480) et la résolution HD (1280x720). Les résultats présentés par le tableau 3.13 indiquent les vitesses d'encodage obtenues pour des vidéos de résolution SD et HD.

Il est clair qu'une implémentation monocœur avec un processeur de faible fréquence du CPU (700 MHz) ne peut pas répondre aux exigences du temps réel pour des séquences vidéo de haute définition. Ainsi, passer à une implémentation multicœur tout en exploitant le parallélisme potentiel de l'encodeur H264/AVC devient indispensable afin d'améliorer la vitesse d'encodage et satisfaire la contrainte d'encodage en temps réel pour des vidéos de résolution élevée.

Tableau 3.13 – La vitesse d'encodage sur un seul cœur DSP pour des vidéos SD et HD

Séquence	Vitesse d'encodage pour la résolution SD (720x480) (f/s)	Vitesse d'encodage pour la résolution HD (1280x720) (f/s)
mob_cal	7,50	2,81
parkrun	6,86	2,60
shields	7,19	2,69
stockholm	7,22	2,71
crowdrun	6,91	2,58
parkjoy	7,26	2,74
sunflower	7,20	2,70
Vitesse moyenne (f/s)	7,13	2,69

3.7 Conclusion

Dans ce chapitre, nous avons présenté notre méthodologie d'implémentation de l'encodeur H264/AVC sur un seul cœur DSP afin d'avoir une solution optimisée au maximum. Nous avons cité les différentes optimisations appliquées pour accélérer le processus d'encodage et bien exploiter l'architecture interne du DSP.

Comme souhaité, nous avons réussi à réaliser un encodage en temps réel 25 f/s pour la résolution CIF tout en assurant une bonne performance d'encodage en termes de qualité vidéo et débit de compression.

Comme attendu, notre implémentation monocœur n'a pas aboutit à un encodage en temps réel pour des vidéos de résolution SD et HD vu d'une part la haute complexité de ce standard et de l'autre part la faible fréquence du CPU de notre DSP.

Dans le chapitre suivant, nous passerons à une implémentation multicœur de cet encodeur afin de surmonter le problème de la fréquence de processeur. Nous présenterons nos propositions pour exploiter le parallelisme potentiel de l'encodeur H264/AVC, accélérer le traitement des données et assurer un encodage en temps réel pour la résolution HD.

Chapitre 4

Implémentation multicœur de l'encodeur H264/AVC sur des plateformes DSP multicœurs

Ce chapitre présente nos implémentations parallèles de l'encodeur vidéo H264/AVC sur deux plateformes DSP multicœurs TMS320C6472 (6 cœurs) et TMS320C6678 (8 cœurs) afin d'assurer un encodage en temps réel pour la résolution HD. Les approches « GOP Level Parallelism » et « Frame Level Parallelism » étudiées précédemment, sont exploitées pour paralléliser le traitement et accélérer l'encodage. Des optimisations vont être appliquées pour les deux techniques de partitionnement afin d'avoir plus d'efficacité en termes d'accélération et de réduction de latence. Une plateforme d'évaluation d'encodage vidéo est aussi présentée. Elle tient en compte l'acquisition des images à partir d'une caméra HD, l'encodage des données par le DSP et l'envoie du bitstream sur un réseau pour le sauvegarder dans un fichier ou le décoder à un autre moment.

4.1 Introduction

La complexité de calcul de l'encodeur H264/AVC avec l'utilisation des vidéos de haute définition rendent difficile l'encodage en temps réel sur des plateformes monocœurs avec une faible fréquence de CPU. Comme nous l'avons montré dans le chapitre précédent, malgré les différentes optimisations appliquées, notre implémentation sur un seul cœur DSP de fréquence 700 MHz a assuré un encodage en temps réel seulement pour des vidéos de faible résolution (CIF). En visant la haute définition, une implémentation parallèle exploitant la technologie multicœur devient indispensable afin de compenser la limitation de la fréquence de CPU.

Exploiter le parallélisme potentiel de l'encodeur H264/AVC que ce soit au niveau de sa structure fonctionnelle ou bien au niveau de la structure hiérarchique de données ainsi que profiter de l'architecture multicœur de notre DSP représentent la solution la plus adéquate afin de répondre aux exigences de traitement en temps réel.

Le choix d'une méthode de parallélisme parmi les différentes méthodes citées au niveau du chapitre 2 dépend essentiellement de la plateforme multicœur utilisée. Le nombre de cœurs exploités, la quantité de mémoire disponible, sa topologie, le moyen de communication et de synchronisation et le problème de cohérence de cache sont tous des contraintes qui influent sur le choix de la technique de parallélisme.

Dans ce contexte, nous présenterons dans ce chapitre notre méthodologie d'implémentation parallèle de l'encodeur H264/AVC sur des plateformes DSP multicœurs. Nous discuterons deux techniques de parallélisme à appliquer afin d'accélérer l'encodage tout en respectant les contraintes imposées par le standard H264/AVC d'une part et celles imposées par la plateforme cible d'autre part. Nous présenterons aussi nos améliorations pour les méthodes de partitionnement choisies afin d'avoir plus d'efficacité en termes d'accélération de traitement et exploitation des CPU. Et finalement, nous proposerons une plateforme de démonstration d'encodage vidéo en temps réel tenant compte l'acquisition des images à partir d'une caméra, l'encodage parallèle des données par le DSP et l'envoie du bitstream sur le réseau pour le décoder ou le sauvegarder.

4.2   Choix de la méthode de parallélisme

D'après les travaux précédents, il existe plusieurs méthodes de partitionnement et chacune d'elles a des avantages mais aussi quelques inconvénients (tableau2.1). L'approche « GOP Level Parallelism » assure une bonne accélération d'encodage mais elle exige une quantité de mémoire importante pour sauvegarder toutes les images des GOP. La technique « Frame Level Parallelism » permet d'accélérer le traitement tout en imposant une faible synchronisation inter-processeurs. Le « Slice Level Parallelism » assure un gain important en temps de calcul avec une faible latence mais en contre partie, cette technique engendre une dégradation de la qualité vidéo en termes de PSNR et une augmentation du débit. Une charge de travail non uniforme, beaucoup des transferts de données et un coût de synchronisation inter-processeurs élevé restent les inconvénients majeurs de l'approche « MB Level Parallelism » et l'approche « Task Level Parallelism ». En revanche, ces deux dernières techniques assurent une faible latence d'encodage et ne nécessitent pas une quantité de mémoire importante.

Le choix de l'approche de partitionnement appropriée doit se baser sur les avantages et les inconvénients de chaque technique de parallélisme tout en tenant compte de la plate-forme cible. En effet, le nombre d'unités de traitement disponibles et le moyen de communication inter-processeurs (mémoire partagée, point à point, NOC,

FIFO, MPI) doivent être nécessairement pris en compte pour effectuer une implémentation parallèle simple et efficace. Par conséquent, plusieurs points doivent être pris en considération :

- Notre plateforme DSP comporte une quantité de mémoire importante que se soit sur puce « ON CHIP » ou bien en externe (DDR). Cela donne plus de liberté pour choisir une méthode de partitionnement.

- La mémoire cache de notre DSP n'est pas automatiquement cohérente comme le cas des processeurs généralistes où la cache est gérée par un module matériel. Ainsi, les programmeurs sont censés forcer manuellement les « cache write back » et les invalidations de cache à l'aide des instructions spécifiques. Par conséquent, une méthode de partitionnement simple qui ne nécessite pas beaucoup de synchronisation et de communication inter-processeurs doit être choisie. Ceci permet de simplifier la tâche des programmeurs afin d'éviter le problème de cohérence de cache.

- Notre objectif est de concevoir un encodeur H264/AVC avec une haute performance d'encodage. Ainsi, la méthode choisie ne doit pas engendrer une augmentation du débit ou une dégradation de la qualité vidéo.

Tenant en considération ces points, nous avons choisi d'adopter un partitionnement de données basé sur la décomposition en GOP et en images. La technique de « Frame Level Parallelism » et celle de « GOP Level Parallelism » sont choisies pour paralléliser l'encodage. Ces deux approches sont caractérisées par une simplicité d'implémentation par rapport aux autres techniques de partitionnement, une haute scalabilité, un faible coût de synchronisation inter-processeurs ainsi qu'elles n'engendrent pas une distorsion ni au niveau de la qualité vidéo ni au niveau du débit de compression.

4.3 Communication inter-cœurs pour les DSP de Texas Instruments

Pour passer à une implémentation multicœur, il faut connaitre les techniques nécessaires pour assurer la communication et la synchronisation inter-cœurs. Les plateformes DSP de TI offrent divers mécanismes architecturaux pour supporter la communication inter-cœurs. Tous les CPU ont un accès complet à la carte mémoire du DSP de telle sorte qu'ils puissent lire de / écrire à n'importe quelle mémoire. Ainsi, après avoir préparé les données par un CPU A et ces données vont être utilisées par un CPU B, il est nécessaire d'informer le CPU B sur la disponibilité des données. Cette procédure s'appelle notification, elle peut être accomplie par une signalisation directe, indirecte ou par voie d'arbitrage atomique [85].

4.3.1 Signalisation directe

Les DSP de TI comportent un périphérique simple (registre de contrôle) qui permet pour un cœur DSP de générer un événement physique « event » à un contrôleur d'interruption d'un autre cœur DSP. Le périphérique comporte un registre drapeau « flag register », indiquant l'origine de l'événement afin que le CPU notifié puisse prendre les mesures appropriées (y compris la mise à zéro du flag), comme indiqué sur la Figure 4.1.

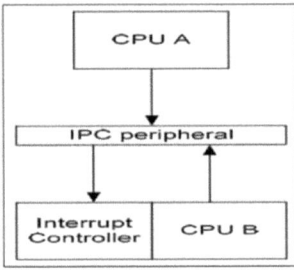

FIGURE 4.1 – Principe de notification inter-cœurs basé sur la signalisation directe

Les étapes de notification selon la signalisation directe sont :

1. CPU A écrit dans le registre IPC (inter processor communication) du CPU B

2. Un « IPC event » est généré vers le contrôleur d'interruption du CPU B

3. Le contrôleur d'interruption informe le CPU B

4. CPU B teste son registre IPC

5. CPU B met à zéro le IPC flag(s)

6. CPU B lance l'action appropriée

4.3.2 Signalisation indirecte

A part le transfert de données d'une mémoire à une autre, le contrôleur EDMA peut servir comme un outil de signalisation inter-cœurs. La notification suit ainsi le transfert de données. Le principe de la signalisation indirecte est le suivant :

1. Le CPU A configure et déclenche le transfert en utilisant l'EDMA

2. L'EDMA génère un évènement "EDMA completion event" vers le contrôleur d'interruption « interrupt controller » du CPU B, indiquant la fin du transfert

3. Le contrôleur d'interruption notifie ainsi le CPU B

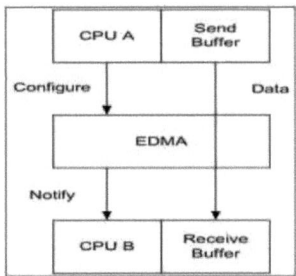

FIGURE 4.2 – Principe de notification inter-cœurs basé sur la signalisation indirecte

4.3.3 Arbitrage atomique

L'arbitrage atomique consiste à gérer l'accès à une ressource partagée en utilisant des mécanismes de synchronisation entre tâches. Un processeur peut d'une façon atomique acquérir un verrou, modifier toute ressource partagée et par la suite libérer le verrou comme le montre la figure 4.3.

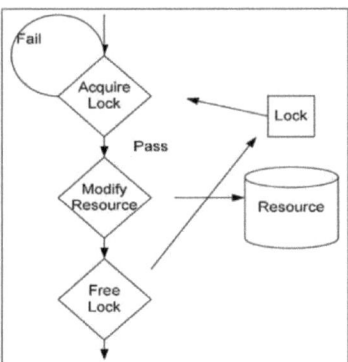

FIGURE 4.3 – Principe de notification inter-cœurs basé sur l'arbitrage atomique

Parmi les mécanismes de synchronisation, on trouve les sémaphores. Ces sont des variables utilisées pour restreindre l'accès à des ressources partagées (variable partagée ou une zone de mémoire partagée) et synchroniser les processus dans un environnement de programmation concurrente.

Il existe également les sémaphores bloquants. Ces sont des sémaphores initialisés avec la valeur 0. Ceci a pour effet de bloquer n'importe quel thread qui veut accéder à une ressource partagée tant qu'un autre thread n'a pas libéré le verrou. Ce type d'utilisation est très utile lorsqu'on a besoin de contrôler l'ordre d'exécution entre threads. Cette utilisation des sémaphores permet de réaliser des barrières de synchronisation.

4.4 La méthode de gestion de ressources partagées

Pour notre implémentation multicœur de l'encodeur H264/AVC et afin de gérer une ressource partagée entre les différents cœurs DSP, la technique de signalisation directe est utilisée pour effectuer la notification inter-cœurs ainsi que l'arbitrage atomique avec des sémaphores est exploité pour assurer la synchronisation entre eux. En supposant qu'une donnée est allouée dans la mémoire partagée de notre DSP TMS320C6472 et que cette donnée sera traitée en premier temps par le core0 et par la suite le core1 va utiliser la donnée modifiée, alors les étapes à appliquer pour établir cette opération avec succès sont détaillées comme suit :

1. Le core1 est bloqué jusqu'à ce que le core0 termine le traitement. Ce blocage est effectué à l'aide d'un sémaphore bloquant en utilisant la fonction SEM_pend(&SEM,SYS_
FOREVER) fournit par la bibliothèque CSL(Chip Support Library) [86] de Texas Instruments, sert à bloquer le task du core1 jusqu'a ce que le sémaphore « SEM » soit validé.

2. Après avoir terminé le traitement de la donnée partagée, le core0 notifie le core1 en écrivant 1 dans le champ IPCG du registre IPCGR du core1 comme l'indique la figure 4.4. Chaque CPU possède un registre IPCGR pour gérer les interruptions inter-cœurs. Ce registre fournit aussi 28 sources ID pour identifier la source d'interruption. Le core0 met ainsi à 1 le bit SRCn afin que le core1 identifie la source d'interruption.

31	30	29	28	27	26	25	24	23	22	21	20	19	18	17	16
SRCS27	SRCS26	SRCS25	SRCS24	SRCS23	SRCS22	SRCS21	SRCS20	SRCS19	SRCS18	SRCS17	SRCS16	SRCS15	SRCS14	SRCS13	SRCS12
R/W-0	R/W-0	R/W-0	R/W-0	R/W-0	R/W-0	R/W-0	R/W-0	R/W-0	R/W-0	R/W-0	R/W-0	R/W-0	R/W-0	R/W-0	R/W-0

15	14	13	12	11	10	9	8	7	6	5	4	3		1	0
SRCS11	SRCS10	SRCS9	SRCS8	SRCS7	SRCS6	SRCS5	SRCS4	SRCS3	SRCS2	SRCS1	SRCS0		Reserved		IPCG
R/W-0	R/W-0	R/W-0	R/W-0	R/W-0	R/W-0	R/W-0	R/W-0	R/W-0	R/W-0	R/W-0	R/W-0		R-000		R/W-0

LEGEND: R/W = Read/Write; R = Read only; -n = value after reset

FIGURE 4.4 – IPC generation register IPCGR

3. L'écriture dans le registre IPCG du core1 par le core0 génère une impulsion d'interruption vers le core1. Ce dernier vérifie son registre IPCGR et identifie la source d'interruption en parcourant les champs SRCn.

4. Selon chaque source d'interruption, le core1 va lancer la fonction appropriée déjà définie par le programmeur et enregistrer dans un tableau de fonction IpcHandlerTable[src] = (fonction). Dans ce cas, cette fonction consiste à débloquer le core1 pour effectuer son traitement. L'API SEM_post(&SEM) de la bibliothèque CSL permet de valider le sémaphore « SEM » et par conséquent débloquer le task du core1.

4.5 Implémentation multicœur de l'encodeur H264/AVC sur le DSP C6472

4.5.1 « Frame Level Parallelism » classique

Le principe de cette méthode de parallélisme consiste à assigner à chaque cœur DSP une image pour l'encoder. Si toutes les images sont de type I (intra seulement), alors, il n'y a pas de dépendances entre les images. Les CPU peuvent par conséquent traiter toutes les images en parallèle. Dans le cas contraire, c.à.d. travailler avec la notion du GOP (IPPP...PPP IPPPPP...), une certaine dépendance doit être respectée. Cette dépendance est liée à l'estimation de mouvement qui nécessite la lecture de la fenêtre de recherche à partir de l'image de référence qui est l'image traitée à l'instant t-1 puisqu'on travaille seulement avec une seule image de référence.

Le design de notre implémentation multicœur de l'encodeur H264/AVC sur le DSP TMS320C6472 est illustré dans la figure 4.5.

Afin d'assurer une démonstration d'encodage vidéo de haute définition en temps réel, l'acquisition d'images doit également être effectuée en temps réel. Pour cela, une bande passante d'un débit de 277 Mbits/s est nécessaire pour transférer 25 f/s de résolution HD 720p en YUV 4 :2 :0 format ((1280 x 720 x 1.5) x 8bits x 25 f/s). Vu que notre DSP ne comporte pas une interface d'acquisition vidéo, un ordinateur personnel (PC), lié à une webcam HD, est utilisé comme première étape pour envoyer les images brutes (sans compression, mode RAW) au DSP. Le PC et le DSP sont équipés d'une interface Gigabit Ethernet (1000 Mbits/s), assurant ainsi un débit de données suffisant pour le temps réel.

Comme notre plate-forme DSP comporte six cœurs DSP, le core0 est utilisé içi comme un CPU maître jouant le rôle d'un serveur TCP (Transfert Control Protocol). Il est consacré à établir la connexion TCP/IP (Internet Protocol) avec le client (PC) exploitant la bibliothèque NDK (Network Development Kit) de Texas Instruments [87]. Dans une première étape, il reçoit les images brutes envoyées par le PC après une capture caméra et les stocke dans la mémoire externe qui est une mémoire partagée pour tous les CPU. Les cinq cœurs DSP restants sont exploités pour assurer un encodage parallèle basé sur la technique « Frame Level Parallelism ». Pour chaque cœur DSP, une section de mémoire est réservée dans la mémoire externe contenant

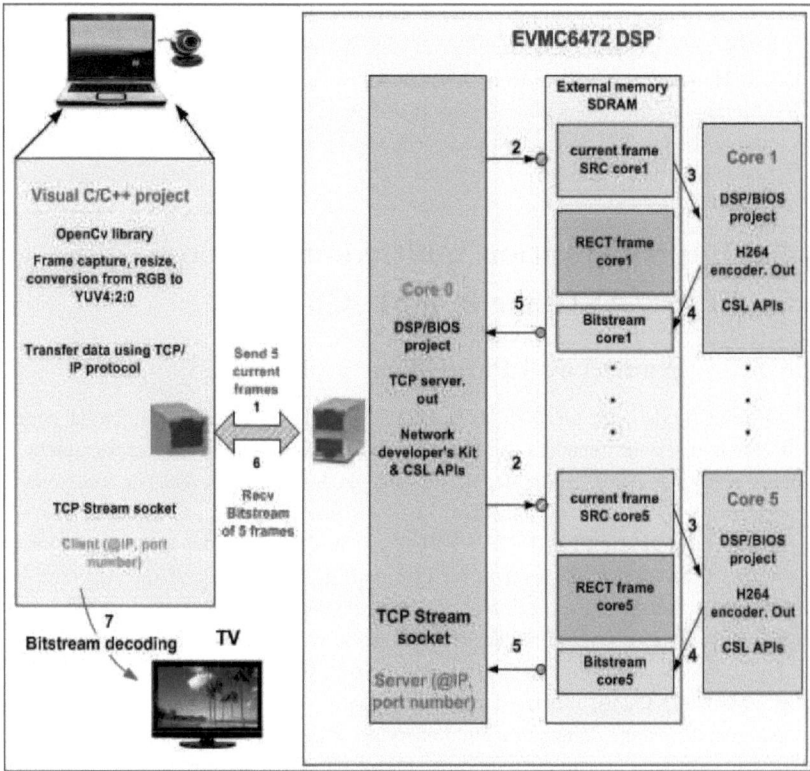

FIGURE 4.5 – Plateforme d'évaluation d'encodage vidéo avec la méthode « Frame Level Parallelism » sur le DSP TMS320C6472

un buffer pour l'image courante (SRC), un autre pour l'image reconstruite (RECT, servira comme image de référence pour le CPU suivant) et enfin un buffer pour le bitstream (débit). Après avoir terminé l'encodage, le serveur core0 envoie le flux binaire (bitstream) de toutes les images codées au client (PC) afin de le stocker ou le décoder après.

Dans la mémoire interne L2RAM du core0, un programme « TCP server.out » est chargé d'établir une connexion TCP/IP entre le DSP et le PC. Un exécutable « H264 encoder.out » est chargé dans chaque mémoire interne d'un CPU dédié pour l'encodage (core1 à core5). Un projet C/C++ est développé et exécuté sur le PC afin de capturer la vidéo à partir d'une caméra HD. Ce projet est basé essentiellement sur deux bibliothèques : la bibliothèque OpenCV [88], utilisée pour capturer l'image d'une caméra et convertir ces images du format RGB en YCrCb 4 :2 :0, et la bibliothèque winsock [89] utilisée pour créer un socket TCP (@IP, numéro de port) assurant la connexion TCP/IP entre le serveur (core0) et le client (PC).

Le code que nous avons fait est un code générique qui s'adapte au nombre de CPU utilisés pour l'encodage. Le nombre d'images à traiter en parallèle, la quantité de mémoire réservée dans la mémoire externe et le nombre des sémaphores de synchronisation sont tous liés au nombre de CPU dédiés pour l'encodage qui est configuré par l'utilisateur.

L'implémentation « 1 ligne de MBs » (section 3.4.2), effectuée sur un seul cœur DSP, est choisie pour réaliser une implémentation parallèle de l'encodeur H264/AVC sur les 5 cœurs DSP. On a préféré ne pas utiliser l'implémentation « 2 lignes de MBs » basée sur l'utilisation d'EDMA pour deux raisons majeures :

1. Avec six cœurs DSP, la gestion d'EDMA devient plus difficile. La synchronisation des transferts EDMA entre les différents CPU complique l'implémentation parallèle de l'encodeur H264/AVC et pourrait ralentir l'encodage.

2. L'activation de la mémoire cache avec l'implémentation « 1 ligne de MBs » a donné presque les mêmes résultats que l'implémentation « 2 lignes de MBs » avec une mémoire cache activée. En effet, la mémoire cache joue presque un rôle similaire que l'EDMA au niveau de la préparation en avance des données au CPU. En plus, l'utilisation d'EDMA tout seul, sans considération de la mémoire cache, n'a pas apporté effectivement un gain important au niveau de la vitesse d'encodage (section 3.5.3). Ceci est expliqué par le temps de transfert de données entre la mémoire externe et la mémoire interne qui est faible par rapport au temps nécessaire pour l'encodage.

En se basant sur l'implémentation « 1 ligne de MBs », un core i ne peut lancer l'encodage d'une image i que si et seulement si le core i-1 termine l'encodage d'au moins 3 lignes de MBs de son image i-1. Ces trois lignes serviront comme une fenêtre de recherche pour le core i (figure 3.5). De cette façon, on garantit que la dépendance temporelle soit respectée et par conséquent, on n'a pas de distorsion ni au niveau de la qualité ni au niveau du débit.

Les étapes d'encodage, en appliquant l'approche « Frame Level Parallelism » classique, sont illustrées dans la figure 4.6 et détaillées comme suit :

1. Après avoir établi la connexion entre le client (PC) et le serveur (core0), ce dernier reçoit 5 images envoyées par le client puisque 5 CPU sont utilisés pour l'encodage. Chaque image sera stockée dans le buffer SRC approprié pour chaque CPU (core1 à core5). Durant cette étape, les core1 à core5 sont en état d'attente.

2. Après avoir terminé la réception de 5 images, le core0 envoie cinq interruptions IPC vers les 5 CPU restants (1 à 5) pour indiquer que les images sont déjà dans la mémoire externe et qu'ils peuvent commencer l'encodage.

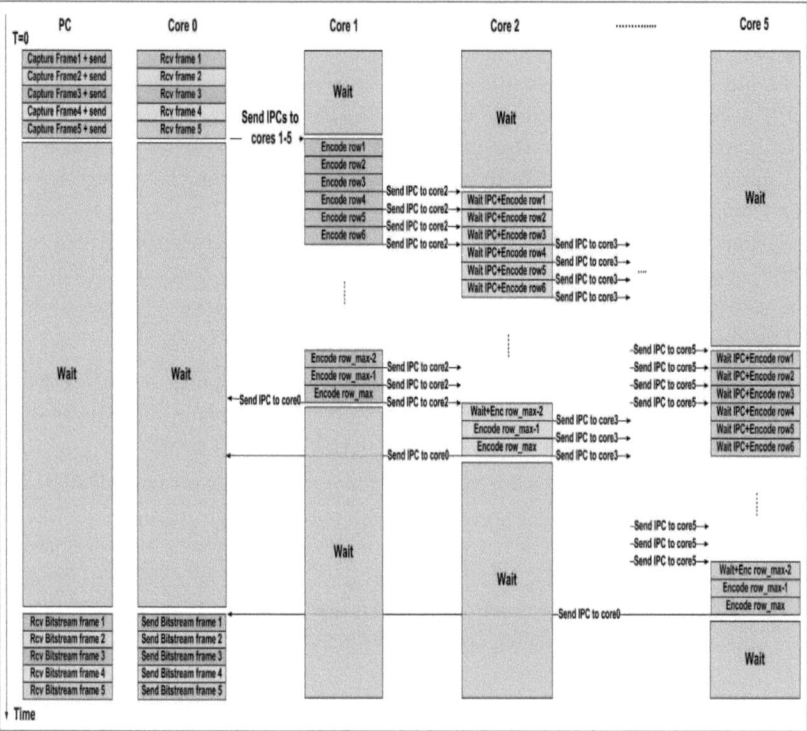

FIGURE 4.6 – Scénario d'exécution temporelle de l'approche « Frame Level Parallelism » classique sur le DSP TMS320C6472

3. Le core1 est le premier CPU qui va commencer l'encodage. Dès qu'il termine l'encodage des trois premières lignes de MBs de son image source, il envoie un IPC au core2 qui est en état d'attente d'une interruption du core1 pour commencer le traitement de son image. La même procédure se reproduit pour les autres CPU (core3 à core5).

4. Pour éviter qu'un core i dépasse le core i-1 (ce qui est possible dans certains cas vu que la charge de travail n'est pas équitable pour les images successives) et on pourrait avoir un résultat erroné, l'encodage de la ligne de MBs ultérieure est conditionné par la réception d'un IPC du CPU précédent. Ainsi, chaque CPU envoie un IPC au CPU suivant après avoir terminé l'encodage de la ligne de MBs courante dont son index est supérieur à 3. Puisque les CPU sont déphasés les uns des autres par 3 lignes de MBs, alors, le core i-1 termine l'encodage de son image avant le core i par 3 lignes de MBs. Pour cela, si le

122

core i arrive au traitement de la ligne MBY=MBY_Max -3, il ne doit plus attendre un IPC du core i-1. Sinon, il va rester bloqué puisque le core i-1 a déjà terminé le traitement et il n'enverra plus d'IPC. On note que MBY_Max est le nombre total de lignes de MBs dans une image. Il est égal à la longueur de l'image divisée par la longueur d'un MB. Pour la résolution CIF (352x288), MBY_Max est égal à 288/16=18.

5. Après avoir terminé l'encodage des cinq premières images et la génération des bitstreams, les core1-core5 envoient chacun un IPC au core0, qui est en état d'attente, pour l'informer qu'il peut maintenant envoyer les bitstreams vers le PC pour les sauvegarder.

6. Après avoir reçu les 5 IPCs, le core0 envoie les 5 bitstreams qui correspondent aux 5 images encodées vers le PC en commençant par le bitstream du core1 et terminant par le bitstream du core5 afin de les sauvegarder dans l'ordre.

7. En terminant la réception des bitstreams et leurs sauvegardes, le PC acquière les 5 images suivantes et les envoie au core0. La procédure d'encodage se répètera de la même façon.

4.5.1.1 Cohérence de cache

Comme nous l'avons cité auparavant, un traitement multicœur basé sur une architecture de mémoire partagée avec une mémoire cache pour chaque CPU, peut conduire à un problème de cohérence de cache. Pour éviter ce problème, la bibliothèque CSL (Chip Support Library) fournit deux fonctions :

- « CACHE_wbL2 » : fait un « write-back » des données qui sont en mémoire cache vers leurs emplacements dans la mémoire partagée.

- « CACHE_invL2 » : consiste à invalider les données dans la mémoire cache et forcer le CPU à lire ces données à partir de leurs emplacements dans la mémoire partagée.

Dans notre cas, lorsque le core0 reçoit les images sources (SRC) du PC, il doit effectuer un « write-back » de ces données qui sont chargées dans la cache vers la mémoire externe puisqu'elles vont être traitées par les autres CPU. De l'autre côté, avant de commencer l'encodage, les core1-core5 doivent invalider les adresses SRC dans leurs mémoires caches puisque ces données ont été modifiées par le core0.

Le même principe doit être aussi appliqué pour le bitstream. Ainsi, après avoir terminé l'encodage et la génération du bitstream, il faut que les core1-core5 fassent un « write-back » des bitstreams chargés dans la mémoire cache vers la mémoire externe puisqu'ils vont être transférés par le core0 vers le PC. Avant le transfert des bitstreams, le core0 doit aussi invalider ces adresses dans sa cache et aller à la mémoire externe pour les transférer.

Finalement, entre les core1-core5, le problème de cohérence de cache est imposé. En effet, au niveau de l'estimation de mouvement, l'image reconstruite pour un core i représente l'image de référence pour le core i+1. Ainsi, le même principe devrait être appliqué afin d'éviter le problème de cohérence de cache. À chaque écriture de la ligne reconstruite, un core i doit effectuer un « write-back » ainsi qu'à chaque lecture de la fenêtre de recherche, un core i+1 doit aussi invalider les données dans sa mémoire cache.

4.5.1.2 L'accélération théorique estimée pour une implémentation multicœur basée sur la méthode « Frame Level Parallelism » classique

En appliquant la méthode « Frame Level Parallelism » avec l'implémentation « 1 ligne de MBs » sur 5 cœurs DSP, chaque CPU est en retard par rapport à son antécédent de 3 lignes de MBs. Le cinquième CPU est ainsi retardé de 12 lignes de MBs par rapport au premier CPU. Si on considère T le temps moyen nécessaire pour encoder une ligne de MBs et qu'une image comporte N lignes de MBs alors, encoder 5 images en parallèle avec la méthode « Frame Level Parallelism » classique nécessite N*T+12*T au lieu de 5*N*T pour une exécution séquentielle avec un seul CPU. Le scénario d'encodage d'une séquence vidéo de résolution CIF en appliquant la méthode « Frame Level Parallelism » classique sur 5 cœurs DSP est illustré par la figure 4.7.

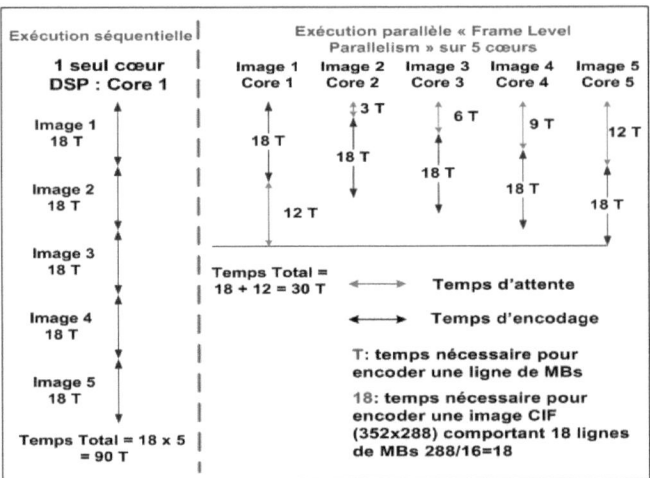

FIGURE 4.7 – Le temps d'encodage estimé pour une vidéo CIF avec la méthode « Frame Level Parallelism » classique sur 5 cœurs DSP

Ainsi, l'accélération théorique estimée pour une implémentation multicœur sur 5 CPU basée sur la méthode « Frame Level Parallelism » classique est calculée comme ceci :

Pour la résolution CIF (352x288), N=288/16=18 donc :

$$l'accélération = \frac{(18 * 5) * T}{(12 + 18) * T} = 3 \tag{4.1}$$

Pour la résolution SD (720x480), N=480/16=30 donc :

$$l'accélération = \frac{(30 * 5) * T}{(12 + 30) * T} = 3.57 \tag{4.2}$$

Pour la résolution HD (1280x720), N=720/16=45 donc :

$$l'accélération = \frac{(45 * 5) * T}{(12 + 45) * T} = 3.94 \tag{4.3}$$

4.5.1.3 Les résultats expérimentaux de la méthode « Frame Level Parallelism » classique

Les performances de l'approche « Frame Level Paralleslism » sur le DSP C6472 sont évaluées en termes de vitesse d'encodage et accélération. Différentes séquences vidéo sont utilisées au cours des simulations. Les tableaux 4.1, 4.2 et 4.3 présentent respectivement les vitesses d'encodage ainsi que les accélérations obtenues pour la résolution CIF, SD et HD. Les simulations sont effectuées en utilisant deux valeurs de QP (30 et 37)et en fixant la taille du GOP à 8. Les résultats expérimentaux montrent que l'implémentation multicœur, en utilisant la méthode « Frame Level Parallelism » sur 5 CPU, a assuré une accélération de 2.92, 3.24 et 3.75 respectivement pour la résolution CIF, SD et HD.

Tableau 4.1 – Vitesse d'encodage avec « Frame Level Parallelism » classique pour des vidéos CIF

Vidéo CIF	QP=30		QP=37		Accélération
	1 CPU (f/s)	5 CPU (f/s)	1 CPU (f/s)	5 CPU (f/s)	
Akiyo	24,19	71,22	24,50	71,07	2,92
Foreman	24,73	72,36	24,81	71,97	2,91
News	25,21	74,16	25,34	72,69	2,91
container	24,80	72,18	24,67	70,54	2,88
Tb420	22,79	65,66	23,23	70,76	2,96
Mobile	22,77	66,99	23,56	69,42	2,94
Moyenne	**24,08**	**70,43**	**24,35**	**71,08**	**2,92**

Tableau 4.2 – Vitesse d'encodage avec « Frame Level Parallelism » classique pour des vidéos SD

Vidéo SD	QP=30		QP=37		Accélération
	1 CPU (f/s)	5 CPU (f/s)	1 CPU (f/s)	5 CPU (f/s)	
Mob_cal	7,30	23,80	7,52	24,12	3,23
Parkrun	6,71	21,23	7,02	22,97	3,22
Stockholm	7,01	23,12	7,11	23,68	3,31
Sunflower	7,05	22,98	7,23	23,25	3,24
Parkjoy	6,73	22,36	6,98	22,66	3,28
Crowdrun	7,08	22,65	7,23	22,98	3,19
Shields	7,12	23,05	7,42	23,84	3,22
Moyenne	**7,00**	**22,74**	**7,22**	**23,36**	**3,24**

Tableau 4.3 – Vitesse d'encodage avec « Frame Level Parallelism » classique pour des vidéos HD

Vidéo HD	QP=30		QP=37		Accélération
	1 CPU (f/s)	5 CPU (f/s)	1 CPU (f/s)	5 CPU (f/s)	
Mob_cal	2,75	10,34	2,81	10,53	3,75
parkrun	2,54	9,15	2,62	10,05	3,72
shields	2,63	10,01	2,74	10,21	3,77
stockholm	2,65	10,07	2,58	9,87	3,81
crowdrun	2,51	9,59	2,63	9,85	3,78
parkjoy	2,67	9,89	2,71	9,90	3,68
sunflower	2,63	9,99	2,58	9,81	3,80
Moyenne	**2,63**	**9,86**	**2,67**	**10,03**	**3,75**

Notre implémentation multicœur a permis d'atteindre une vitesse d'encodage de 70 f/s pour la résolution CIF et validant par conséquent la contrainte d'encodage en temps réel. La vitesse d'encodage est significativement améliorée pour la résolution SD et HD en comparant à l'implémentation monocœur. En effet, la vitesse obtenue pour la résolution SD est d'environ 23 f/s en moyenne au lieu de 7 f/s sur un seul CPU ce qui nous rapproche bien du temps réel. Pour la résolution HD, malgré que l'augmentation de la vitesse d'encodage de 2.6 f/s à 10 f/s, ce résultat reste à 50% de la performance d'encodage en temps réel. Se basant sur ces résultats, il est bien clair que cette implémentation ne répond pas aux exigences de temps réel pour les résolutions les plus hautes. Ainsi, optimiser cette implémentation devient indispensable afin d'améliorer encore plus la performance de cette approche et satisfaire la contrainte de temps réel pour la résolution SD et HD.

4.5.2 « Frame Level Parallelism » améliorée

Bien que l'implémentation classique de l'approche « Frame Level Parallelism » a amélioré considérablement la vitesse d'encodage en comparaison avec l'exécution séquentielle sur un seul CPU, cette implémentation présente quelques défauts coté efficacité d'exploitation des CPU. Un temps important d'attente des données par les CPU est observé pour cette version ainsi qu'un processus de transfert de données insuffisamment optimisé. En effet, les core1-core5 attendent la réception de toutes les images par le core0 alors que l'encodage pourrait être immédiatement lancé dès la réception de la première image. En outre, le core0 reste en état d'attente jusqu'à les core1-core5 terminent l'encodage de toutes les images pour envoyer les bitstreams alors qu'il est plus rentable d'envoyer au fur et à mesure le bitstream disponible sans attendre la fin d'encodage par les cinq CPU. Et finalement, durant l'encodage, le core0 reste inactif jusqu'à ce que les cinq CPU terminent l'encodage alors que l'on peut exploiter ce temps pour préparer en avance les images suivantes afin de superposer le processus d'acquisition de données avec le processus d'encodage.

Afin de surmonter ces points faibles, nous présentons ainsi la version améliorée de l'approche « Frame Level Parallelism ». La nouvelle version consiste à optimiser le coût de communication (transfert de données) en se référant à la technique de buffers ping-pong et la méthodologie multithreading comme l'indique la figure 4.8.

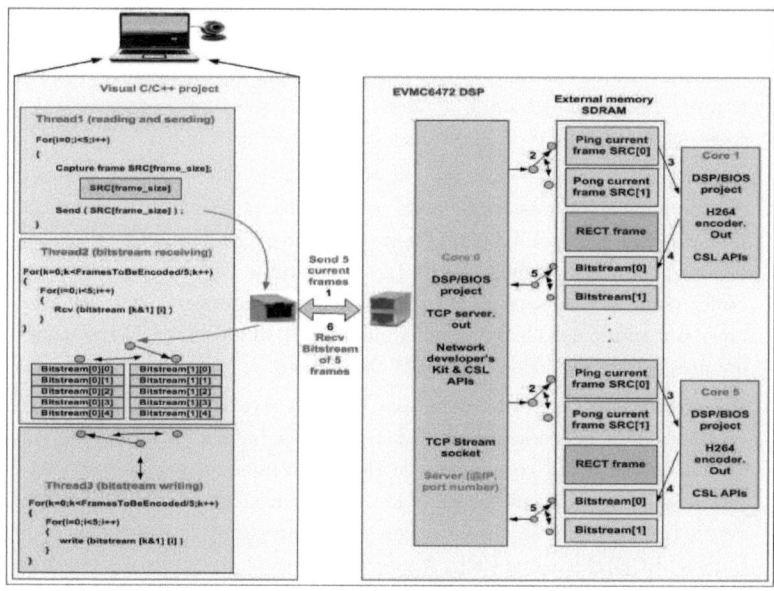

FIGURE 4.8 – L'approche « Frame Level Parallelism » améliorée sur 5 cœurs DSP

Pour chaque cœur DSP, un buffer ping-pong est utilisé pour l'image SRC et le bitstream au lieu d'un seul buffer utilisé pour la première version. Ceci a pour but de faire se chevaucher le processus d'encodage avec le processus de lecture / écriture de données. Coté PC, trois threads ont été créés. Le premier est consacré pour l'acquisition et l'envoi des images vers le DSP, le second va recevoir les bitstreams envoyés par le DSP via Ethernet et le troisième va enregistrer ces bitstreams dans un fichier. Le scénario d'exécution temporelle avec cette implémentation est illustré par la figure 4.9 et se résume comme suit :

1. Le thread1 capte la première image et l'envoie au core0 qui va la sauvegarder dans le buffer ping SRC[0] du core1. Après avoir terminé la réception, le core0 notifie le core1 en envoyant un IPC pour déclencher l'encodage de son image.

2. En recevant l'IPC, le core1 commence l'encodage. Au même temps, le thread1 capte la deuxième image et l'envoie au core0 qui va la sauvegarder cette fois dans le buffer ping du core2. Cette étape se répète pour les cinq cœurs DSP. Ainsi, chaque CPU commence l'encodage immédiatement après la sauvegarde de son image dans sa propre zone mémoire sans attendre la réception de toutes les images.

3. Au cours de l'encodage de cinq premières images par les core1-core5 avec le même principe que la première version de « Frame Level Parallelism », le thread1 capte et envoie les cinq prochaines images au core0. Ce dernier sauvegarde cette fois chaque image reçue par ordre dans le buffer pong SRC[1] de chaque CPU. Comme le processus d'encodage prend plus de temps que le processus d'acquisition de données, le coût de lecture de données est par conséquent optimisé et il ne sera pas comptabilisé avec le temps d'encodage.

4. Après avoir terminé l'encodage par un core i, le bitstream est sauvegardé dans le buffer ping bitstream[0]. Ce core i envoie ainsi un IPC au core0 pour l'informer sur la disponibilité du bitstream afin de l'envoyer au PC. Par la suite, le core i commence l'encodage de l'image suivante déjà sauvegardée dans le buffer pong SRC[1] sans aucun retard. Le bitstream qui va être généré sera ainsi sauvegardé dans le buffer pong bitstream[1] afin d'éviter l'écrasement des données en cours d'envoi vers le PC par le core0.

5. En envoyant les ping bitstreams par le core0 vers le PC, le thread2 reçoit ces bitstreams et les sauvegarde dans les ping buffers Bitstream[0][i] (avec i varie de 0 à 4). A ce moment, le thread3 commence l'enregistrement des bitstreams reçus dans un fichier et le thread1 envoie les cinq images suivantes vers le DSP. Le core0 reçoit ces images et les sauvegarde par ordre dans les ping buffers SRC[0] de chaque CPU. Avec cette technique, l'écriture des bitstreams, l'encodage des images pong et l'acquisition des images suivantes ping sont tous effectués en parallèle.

6. Cette procédure se reproduit en ordre inverse à travers les ping pong buffers pour les images SRC et les bitstreams jusqu'à la fin de l'encodage de toute la séquence vidéo.

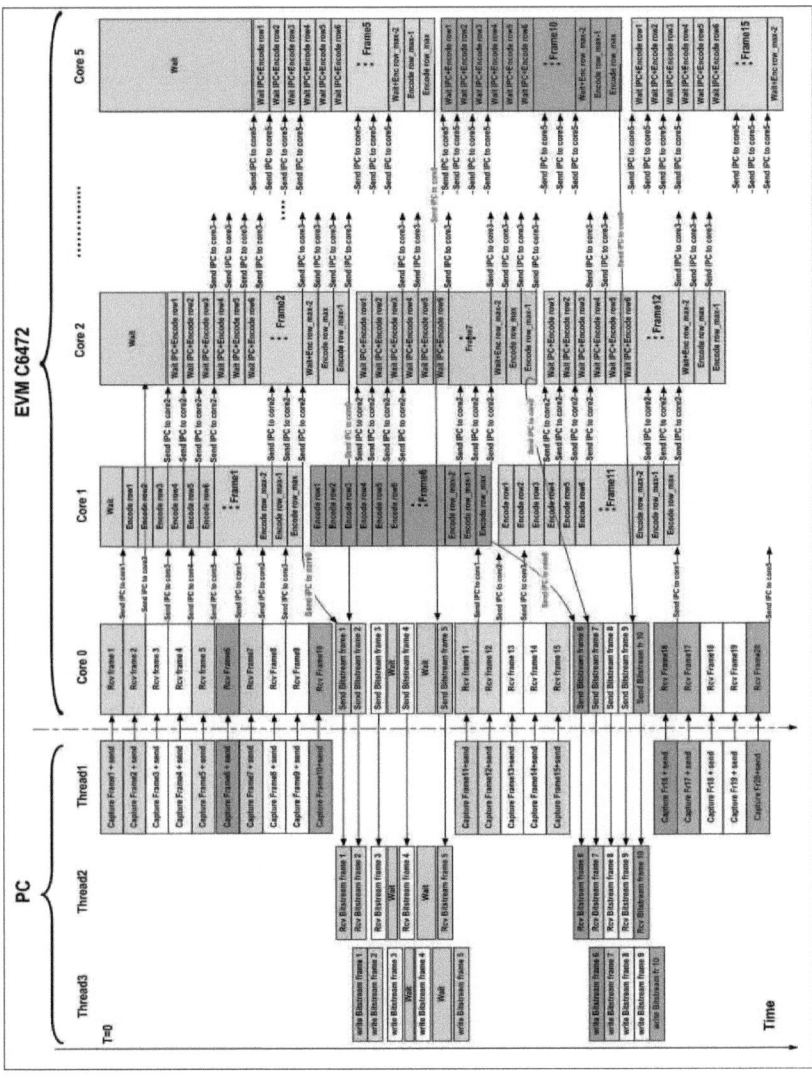

FIGURE 4.9 – Scénario d'exécution temporelle avec l'approche « Frame Level Parallelism » améliorée

4.5.2.1 Résultats expérimentaux de l'approche « Frame Level Parallelism » améliorée

Les vitesses d'encodage obtenues avec l'approche « Frame Level Paralleslism » améliorée sont présentées dans les tableaux 4.4, 4.5 et 4.6 respectivement pour la résolution CIF, SD et HD.

Les mêmes paramètres d'encodage sont utilisés pour la version classique et la version améliorée afin d'avoir une comparaison logique entre les deux implémentations.

Pour évaluer nos optimisations, le temps d'acquisition et de transfert de données du PC vers le DSP et le temps d'envoi des bitstreams du DSP vers le PC sont pris en considération lors du calcul de temps d'encodage.

Tableau 4.4 – Vitesse d'encodage avec « Frame Level Parallelism » améliorée pour des vidéos CIF

Vidéo CIF	QP=30		QP=37		Accélération
	1 CPU (f/s)	5 CPU (f/s)	1 CPU (f/s)	5 CPU (f/s)	
Akiyo	24,19	99,55	24,50	101,10	4,12
Foreman	24,73	102,08	24,81	102,30	4,13
News	25,21	103,77	25,34	104,25	4,12
Container	24,80	102,19	24,67	103,41	4,16
Tb420	22,79	94,14	23,23	96,32	4,14
Mobile	22,77	91,52	23,56	95,24	4,03
Moyenne	**24,08**	**98,88**	**24,35**	**100,44**	**4,12**

Tableau 4.5 – Vitesse d'encodage avec « Frame Level Parallelism » améliorée pour des vidéos SD

Vidéo SD	QP=30		QP=37		Accélération
	1 CPU (f/s)	5 CPU (f/s)	1 CPU (f/s)	5 CPU (f/s)	
Mob_cal	7,30	31,93	7,52	31,98	4,31
parkrun	6,71	29,56	7,02	30,28	4,36
shields	7,01	30,02	7,11	31,20	4,34
stockholm	7,05	30,82	7,23	29,93	4,25
crowdrun	6,73	29,56	6,98	30,20	4,36
parkjoy	7,08	30,89	7,23	31,11	4,33
sunflower	7,12	30,15	7,42	29,87	4,13
Moyenne	**7,00**	**30,42**	**7,22**	**30,65**	**4,29**

Tableau 4.6 – Vitesse d'encodage avec « Frame Level Parallelism » améliorée pour des vidéos HD

Vidéo HD	QP=30		QP=37		Accélération
	1 CPU (f/s)	5 CPU (f/s)	1 CPU (f/s)	5 CPU (f/s)	
mob_cal	2,75	12,24	2,81	12,56	4,46
parkrun	2,54	11,51	2,62	11,79	4,52
shields	2,63	11,74	2,74	12,24	4,47
stockholm	2,65	11,43	2,58	11,72	4,43
crowdrun	2,51	11,24	2,63	11,85	4,49
parkjoy	2,67	11,98	2,71	12,29	4,51
sunflower	2,63	11,83	2,58	11,97	4,57
Moyenne	**2,63**	**11,71**	**2,67**	**12,06**	**4,49**

Les résultats expérimentaux montrent clairement que notre implémentation parallèle sur 5 cœurs DSP, basée sur la version améliorée de l'approche « Frame Level Paralleslism », a assuré une bonne accélération d'encodage. Le traitement est accéléré de 4.12, 4.29 et 4.49 fois respectivement pour la résolution CIF, SD et HD au lieu de 2.92, 3.24 et 3.75 avec la version précédente par rapport à la version monocœur.

Ceci met en évidence l'efficacité de notre proposition en termes d'exploitation des CPU et réduction du temps d'attente. Notre optimisation basée sur la fameuse technique de buffers ping pong et la méthodologie multithreading a réussi à faire se recouvrir la procédure d'encodage avec celle de la lecture et l'écriture de données. Cette amélioration a permis d'atteindre un encodage en temps réel pour la résolution CIF et SD. En effet, les vitesses d'encodage obtenues pour ces deux résolutions sont respectivement 99 f/s et 30 f/s en moyenne. Pour la résolution HD, la vitesse d'encodage est améliorée considérablement ; elle est passée de 2.6 f/s (implémentation monocœur) à 11.7 f/s mais elle reste encore loin du temps réel.

4.5.3 « GOP Level Parallelism »

La deuxième technique de parallélisme choisie pour accélérer le traitement est l'approche « GOP Level Parallelism ». Cette technique consiste à assigner à chaque CPU un GOP à traiter. Comme nous l'avons cité auparavant, l'absence de dépendances entre les GOP rend cette approche plus facile à implémenter.

La même méthodologie, utilisée pour la version améliorée de l'approche « Frame Level Parallelism », est appliquée aussi pour cette méthode. La technique de buffer ping pong et l'approche multithreading sont exploitées durant cette implémentation parallèle. Pour chaque CPU (core1 à core5), une zone mémoire est réservée dans la mémoire externe comme l'indique la figure 4.10.

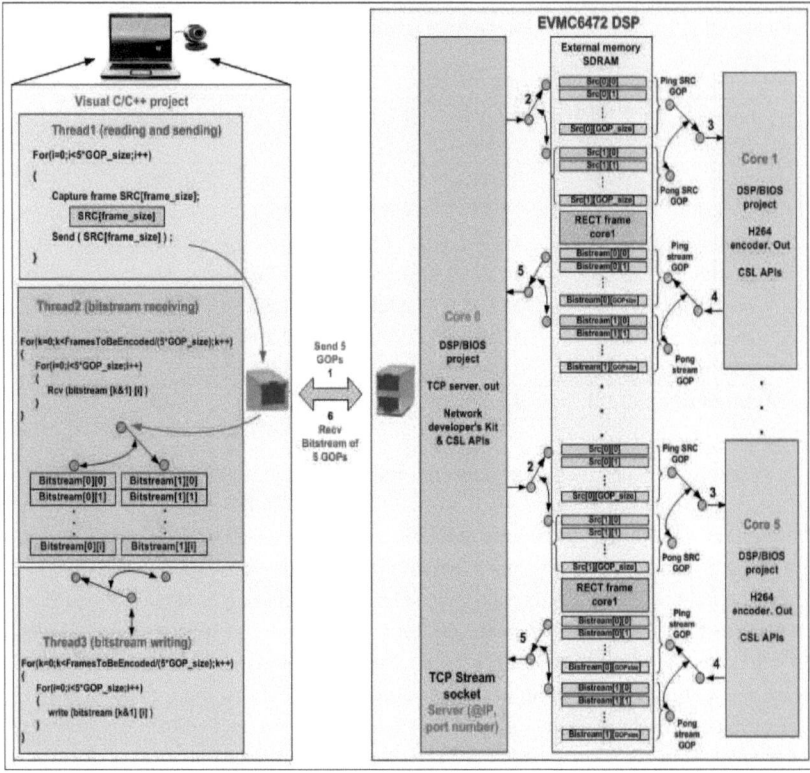

FIGURE 4.10 – Le design de l'approche « GOP Level Parallelism » sur le DSP C6472

Un buffer ping pong est alloué pour les images SRC et le bitstreams. La taille de ce buffer est égale à la taille du GOP. Si la taille du GOP est égale à 8, alors pour chaque CPU, 16 buffers (8 ping et 8 pong) sont réservés pour les images sources SRC et 16 autres pour les bitstreams. Pour l'image reconstruite RECT, on n'a pas besoin d'utiliser la notion du ping pong puisque il n'y a pas des transferts appliqués à cette image comme le cas des images SRC et les bitstreams. Le scénario d'exécution temporelle de la procédure d'encodage, basée sur l'approche améliorée du « GOP Level Parallelism », est présenté par la figure 4.11 et se manifeste comme suit :

1. Après avoir établi la connexion TCP/IP entre le PC et le DSP, le thread1 capte la première image du premier GOP et l'envoie au core0 qui va la sauvegarder au buffer ping SRC1[0][0] du core1 qui est en état d'attente. Dès qu'il termine la réception, le core0 envoie un IPC au core1 pour qu'il démarre l'encodage de la première image du son GOP.

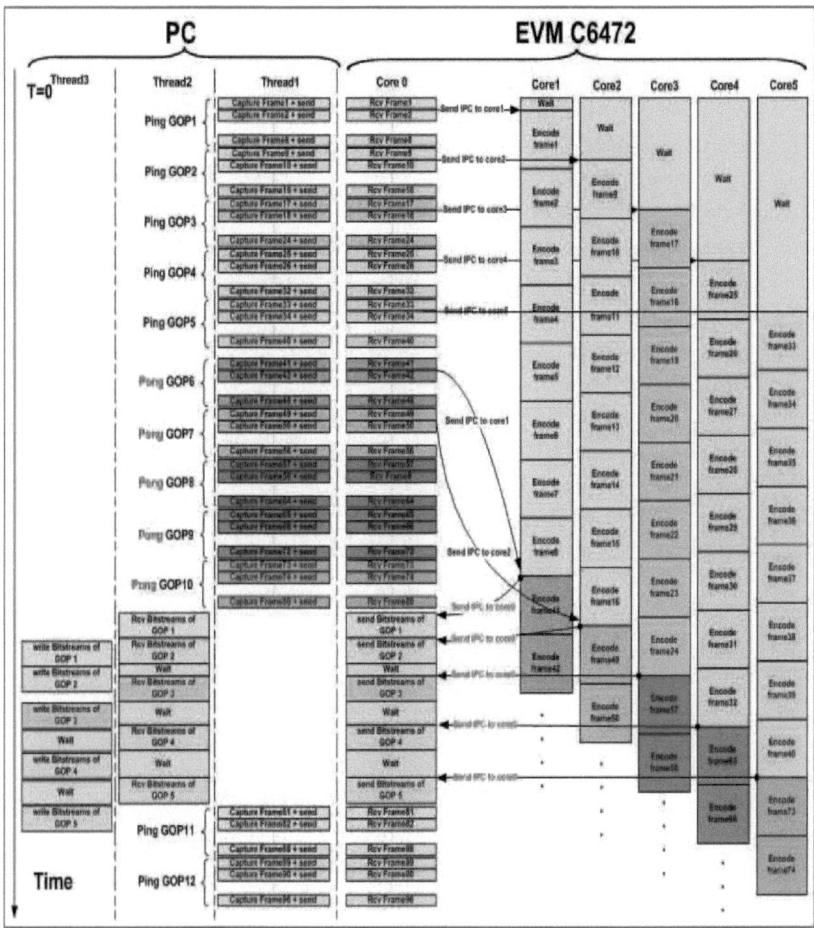

FIGURE 4.11 – Le scénario d'exécution temporelle de l'approche « GOP Level Parallelism » améliorée sur le DSP TMS320C6472

2. En recevant l'IPC, le core1 commence l'encodage de la première image du GOP. Au même temps, le thread1 continue l'acquisition des images suivantes du premier GOP et les envoie au core0 qui va les sauvegarder dans les buffers ping SRC1[0][i] du core1 (avec i=1 jusqu'à GOP_size-1).

3. Après avoir terminé l'acquisition et l'envoi du premier GOP, le thread1 commence l'acquisition et l'envoi des images du deuxième GOP au core0 qui va les sauvegarder cette fois dans les buffers ping du core2 SRC2[0][i]. Même prin-

cipe que le premier GOP, en recevant la première image du deuxième GOP, le core0 envoie un IPC au core2 pour l'informer sur la disponibilité de l'image et par conséquent il peut commencer l'encodage. Cette procédure se répète pour les cinq CPU. Ainsi, chaque CPU commence l'encodage immédiatement après la réception de la première image du son GOP. Vu l'absence totale des dépendances entre les GOP, chaque CPU (core1-core5) est lié seulement qu'au core0 qui commande le début de l'encodage.

4. Pendant l'encodage de cinq ping GOP, le thread1 envoie les cinq prochains GOP au core0 qui va les sauvegarder dans les buffers pong SRC[1][i] de chaque CPU.

5. Après avoir terminé l'encodage de la totalité du GOP et les bitstreams sont sauvegardés dans les buffers ping Bitstream[0][i] (i=0 jusqu'à GOP_size-1), le CPU correspondant envoie ainsi un IPC au core0 pour le notifier sur la disponibilité des bitstreams pour les envoyer au PC. Par la suite, ce CPU déclenche immédiatement l'encodage de son prochain GOP déjà sauvegardé dans les buffers pong SRC[1][i]. Les bitstreams qui vont être générés seront sauvegardés dans les buffers pong Bitstream[1][i] afin d'éviter l'écrasement des bitstreams en cours de transfert vers le PC.

6. Le core0 envoie ainsi les bitstreams ping vers le PC en commençant par ceux du core1 et terminant par ceux du core5 afin qu'ils soient sauvegardés en ordre chronologique. Le thread2 reçoit ces bitstreams en les sauvegardant dans les buffers ping Bitstream[0][i] alloués dans la mémoire du PC. Par la suite, le thtread3 sauvegarde ces bitstreams dans un fichier et en même temps le thtread1 envoie les cinq prochains GOP au core0 qui va à son tour les sauvegarder dans les buffers ping SRC[0][i] de chaque CPU.

7. Ce scénario se reproduit en inversant l'ordre des buffers ping pong jusqu'à la fin de l'encodage de toute la séquence vidéo.

4.5.3.1 Résultats expérimentaux de la méthode « GOP Level Parallelism » sur le DSP C6472

La nouvelle implémentation parallèle, basée sur l'approche « GOP Level Parallelism », est testée avec différentes séquences vidéo de résolution CIF, SD et HD. Le nombre d'images encodées est 300 pour la résolution CIF et 1200 pour la résolution SD et HD. La taille du GOP choisie est 8. Le paramètre de quantification QP utilisé est égal à 30. La performance de cette approche est évaluée en termes de vitesse d'encodage et accélération. Les tableaux 4.7, 4.8 et 4.9 illustrent respectivement les vitesses obtenues pour la résolution CIF, SD et HD en accélérant l'encodeur H264/AVC avec l'approche « GOP Level Parallelism » sur cinq CPU destinés pour l'encodage.

Tableau 4.7 – Les vitesses d'encodage obtenues avec l'approche « GOP Level Parallelism » pour des vidéos CIF sur le DSP TMS320C6472

Vidéo SD	vitesse d'Enc sur 1 CPU (f/s)	vitesse d'Enc sur 5 CPU (f/s)	Accélération
Akiyo	24,19	118,29	4,89
Foreman	24,73	119,19	4,82
News	25,21	123,78	4,91
Container	24,80	121,02	4,88
Tb420	22,79	111,21	4,88
Mobile	22,77	110,89	4,87
Moyenne	**24,08**	**117,39**	**4,88**

Tableau 4.8 – Les vitesses d'encodage obtenues avec l'approche « GOP Level Parallelism » pour des vidéos SD sur le DSP TMS320C6472

Vidéo SD	vitesse d'Enc sur 1 CPU (f/s)	vitesse d'Enc sur 5 CPU (f/s)	Accélération
Mob_cal	7,30	35,25	4,83
parkrun	6,71	32,54	4,85
shields	7,01	34,06	4,86
stockholm	7,05	34,47	4,89
crowdrun	6,73	32,84	4,88
parkjoy	7,08	34,76	4,91
sunflower	7,12 34,88	4,90	
Moyenne	**7,00**	**34,11**	**4,87**

Les résultats expérimentaux montrent bien que notre implémentation parallèle sur cinq CPU a assuré une bonne accélération d'encodage d'environ 4.87 en moyenne pour les différentes résolutions. Cette accélération est meilleure que celle obtenue avec l'approche « Frame Level Parallelism » qui varie entre 4.1 et 4.49. Ceci est dû à l'absence totale des dépendances entre les CPU et les GOP. La vitesse d'encodage est aussi améliorée par rapport à l'approche « Frame Level Parallelism ». En effet, la vitesse sur 5 CPU est augmentée de 98.88 f/s à 117.39 f/s pour la résolution CIF, de 30.42 f/s à 34.11 f/s pour la résolution SD et de 11.71 f/s à 12.87 f/s pour la résolution HD. Le temps réel est achevé pour la résolution CIF et SD mais pas encore pour la HD.

Bien que l'on ait exploité tous les CPU de notre DSP, la performance d'encodage en temps réel n'est pas atteinte pour la résolution HD. Le DSP TMS320C6472 avec une fréquence de 700 MHz et 5 CPU pour l'encodage n'est pas capable de surmonter la complexité de l'encodeur H264/AVC avec une résolution vidéo élevée comme la HD. Pour cela, nous avons décidé d'utiliser un autre DSP plus performant en termes de fréquence de CPU et nombre d'unités de traitement. Le choix s'est porté sur la dernière génération des DSP de TI, le KeyStone multicœur DSP TMS320C6678.

Tableau 4.9 – Les vitesses d'encodage obtenues avec l'approche « GOP Level Parallelism » pour des vidéos HD sur le DSP TMS320C6472

Vidéo HD	vitesse d'Enc sur 1 CPU (f/s)	vitesse d'Enc sur 5 CPU (f/s)	Accélération
mob_cal	2,75	13,33	4,85
parkrun	2,54	12,44	4,90
shields	2,63	12,70	4,83
stockholm	2,65	12,87	4,86
crowdrun	2,51	12,15	4,84
parkjoy	2,67	13,05	4,89
sunflower	2,63	12,94	4,92
Moyenne	**2,63**	**12,87**	**4,87**

4.6 Implémentation multicœur de l'encodeur H264/AVC sur le DSP C6678

4.6.1 Description de la plateforme DSP TMS320C6678

Comme nous l'avons cité dans la section 1.5.1, le TMS320C6678 est le DSP le plus puissant sur le marché basé sur la nouvelle architecture multicœur KeyStone de TI. Il fonctionne en virgule fixe et flottante. Ce DSP comporte huit CPU avec une fréquence qui varie entre 1 et 1,25 GHz selon le modèle choisi. Une architecture SIMD avec 8.5 Mo de mémoire sur puce offre une performance de 64000 MIPS. Chaque CPU dispose d'une mémoire interne L2RAM de taille 512 Ko. Les huit CPU peuvent tous accéder à une mémoire partagée de taille 4 Mo. Pour les applications nécessitant une grande quantité de mémoire, cette plateforme dispose d'une mémoire externe DDR3-1333 de taille 512 Mo. Le DSP C6678 supporte un système d'exploitation temps réel SYS BIOS v6 et vient avec le kit de développement logiciel MCSDK assurant la gestion et l'exploitation de différents modules intégrés sur le système. Le C6678 peut assurer diverses communications avec plusieurs périphériques externes à travers différentes interfaces rapides telle que le RapidIO pour les communications DSP-DSP, PCI Express Gen2 pour se comporter comme une carte d'extension et le Gigabit Ethernet pour les communications réseaux etc.

4.6.2 Migration du C6472 au C6678

L'architecture de DSP C6678 est pratiquement semblable à celle du DSP C6472. Par conséquent, l'implémentation multicœur de l'encodeur H264/AVC ne demande pas des grande modifications ni au niveau des allocations des données ni au niveau de la procédure de synchronisation inter-cœurs. La même méthodologie d'implémentation de l'encodeur H264/AVC sur le DSP C6472 sera appliquée avec le DSP C6678. Le design de notre encodeur H264/AVC reste le même et se base toujours sur l'implémentation « 1 ligne de MBs ». Notre codec est déjà générique de telle sorte qu'il s'adapte automatiquement au nombre de CPU utilisés pour l'encodage, qui est fixé par l'utilisateur. Étant donné que l'on a exploité cinq CPU pour l'encodage avec le DSP C6472, cette fois on peut utiliser jusqu'à sept CPU et le huitième sera le maitre pour l'acquisition des données via le Gigabit Ethernet. La même technique de synchronisation entre les CPU est aussi utilisée en se basant sur la notification directe par IPC et l'arbitrage atomique à l'aide des sémaphores bloquants. Ainsi, il faut bien faire attention aux adresses mémoires des registres IPCGR pour le C6678 qui ne sont pas les mêmes pour le DSP C6472. Finalement, il y a très peu de modification pour faire migrer notre encodeur sur le DSP C6678.

4.6.3 « Frame Level Parallelism » améliorée sur le DSP C6678

L'approche « Frame Level Parallelism » améliorée est adaptée sur le DSP C6678. Le model dont on dispose est celui d'un processeur cadencé à 1 GHz. La seule résolution concernée dans cette implémentation est la résolution HD (1280x720) étant donné que nous avons déjà atteint le temps réel pour la résolution CIF et SD. La performance de cette implémentation est évaluée en termes de vitesse d'encodage et accélération. Le paramètre de quantification QP utilisé est égal à 30, la taille du GOP est 8 et le nombre d'images codées est 280. Différentes séquences vidéo HD sont testées. Le tableau 4.10 présente les vitesses d'encodage obtenues avec l'approche « Frame Level Parallelism » améliorée en fonction de nombre de CPU utilisés pour l'encodage.

Les résultats expérimentaux montrent clairement qu'en passant d'un processeur cadencé à 700 MHz à un autre de fréquence 1 GHz, la vitesse d'encodage est forcement améliorée. Cette amélioration de la vitesse de traitement est due aussi à la caractéristique de la mémoire externe du DSP C6678, où les images SRC, les bitstreams et les images reconstruites sont alloués, par rapport à celle de C6472. En effet la mémoire externe du C6678 est une DDR3 64-bits de fréquence 1333 MHz assurant ainsi un débit de transfert égal à 10664 Mo/s alors que celle du C6472 est une DDR2 32-bits de fréquence 533MHz assurant un débit de transfert égal à 2133 Mo/s. Cette performance fait bien la différence puisque il y a un accès multiple par les CPU à cette mémoire pour lire ou écrire des données ce qui permet de réduire énormément l'effet de goulot d'étranglement de mémoire.

D'après le tableau 4.10, on constate que le temps réel est atteint pour la résolution HD en utilisant sept CPU pour l'encodage. La vitesse moyenne obtenue est égale à 26,7 f/s dépassant ainsi la contrainte de 25 f/s. L'implémentation parallèle de l'encodeur H264/AVC avec l'approche « Frame Level Parallelism » améliorée a assuré une bonne accélération d'encodage égale à 6.22 en moyenne sur sept CPU ce qui montre la bonne exploitation des CPU.

Tableau 4.10 – Les vitesses d'encodage obtenues avec l'approche « Frame Level Parallelism » améliorée pour des vidéos HD 720p sur le DSP TMS320C6678

Séquences HD	Vitesse sur 1 CPU (f/s)	Vitesse sur 3 CPU (f/s)	Vitesse sur 5 CPU (f/s)	Vitesse sur 7 CPU (f/s)	Accélération sur 7 CPU
Shields	4.26	11.10	17.68	25.15	5.90
Parkjoy	4.91	12.98	21.81	28.87	5.87
Parkrun	4.05	11.01	17.58	25.75	6.35
sunflower	4.29	12.07	18.92	26.83	6.25
Crowdrun	3.98	10.80	17.13	25.12	6.31
Birds	4.80	12.37	22.04	30.46	6.34
Mob_cal	4.11	11.24	18.28	26.18	6.36
Stockholm	3.97	10.78	17.32	25.34	6.38
Moyenne	**4.29**	**11.54**	**18.84**	**26.71**	**6.22**

4.6.4   « GOP Level Parallelism » sur le DSP TMS320C6678

Le même principe est appliqué avec l'approche « GOP Level Parallelism ». Les mêmes paramètres d'encodage ainsi que les mêmes séquences sont utilisés pour cette implémentation. Le tableau 4.11 illustre les vitesses d'encodage calculées en fonction de nombre de CPU utilisés pour l'encodage. Les vitesses mesurées sont meilleures que celles calculées avec l'approche « Frame Level Paralelism » vu l'absence totale des dépendances entre les GOP. Notre implémentation a accéléré le traitement par un facteur de 6.69 par rapport à une implémentation monocœur en exploitant sept CPU pour l'encodage, ce qui permet de satisfaire la contrainte du temps réel pour la résolution HD. La vitesse d'encodage obtenue est d'environ 28.8 f/s dépassant ainsi la moyenne de 25 f/s exigée par la norme de codage vidéo.

Tableau 4.11 – Les vitesses d'encodage obtenues avec l'approche « GOP Level Parallelism » pour des vidéos HD 720p sur le DSP TMS320C6678

Séquences HD	Vitesse sur 1 CPU (f/s)	Vitesse sur 3 CPU (f/s)	Vitesse sur 5 CPU (f/s)	Vitesse sur 7 CPU (f/s)	Accélération sur 7 CPU
Shields	4.26	11.93	19.91	28.11	6.59
Parkjoy	4.91	14.22	22.52	32.09	6.53
Parkrun	4.05	11.96	19.83	27.26	6.73
sunflower	4.29	12.14	21.08	28.79	6.71
Crowdrun	3.98	11.71	18.58	25.92	6.51
Birds	4.80	13.70	23.61	32.46	6.76
Mob_cal	4.11	12.09	20.16	28.26	6.87
Stockholm	3.97	11.72	19.60	27.31	6.87
Moyenne	**4.29**	**12.43**	**20.66**	**28.86**	**6.69**

4.7 Consommation d'énergie

La consommation d'énergie est parmi les critères importants à tenir en compte au cours de développement des applications sur des systèmes embarqués. En effet, pour un système embarqué, elle a une incidence directe sur l'autonomie du système. Dans ce cadre, TI fournit un outil sous forme d'un tableur [90] afin d'estimer l'énergie consommée par une telle application implémentée sur l'un de ses DSP. Ce tableur, comme l'indique la figure 4.12, comporte des paramètres configurables par l'utilisateur indiquant chacun la valeur ou le pourcentage d'utilisation d'un module. Ces paramètres sont définis comme suit :

- Frequency : spécifie la fréquence du CPU ou la fréquence de l'interface externe comme la DDR3.

- Modes : spécifie le mode de configuration d'un périphérique.

- Status : indique si un périphérique est utilisé (Enabled) ou bien non utilisé (Disabled).

- % d'utilisation : indique le pourcentage du temps que le module soit actif par rapport à son état inactif ou un état de repos. Il comporte le % Signal Processing (SP) Utilization, le % Control Code (CC) Utilization et le % Idle Utilization.

- %SP : représente les scenarios ayant un niveau élevé d'activité de DSP. Ceci correspond à ce que huit instructions sont exécutées en parallèles ce qui signifie que les huit unités de traitement (.M, .L, .S, .D) sont actives chaque cycle.

- %CC : représente les scénarios ayant un faible niveau d'activité de DSP. Il correspond à ce que deux unités fonctionnelles sont actives chaque cycle d'horloge.

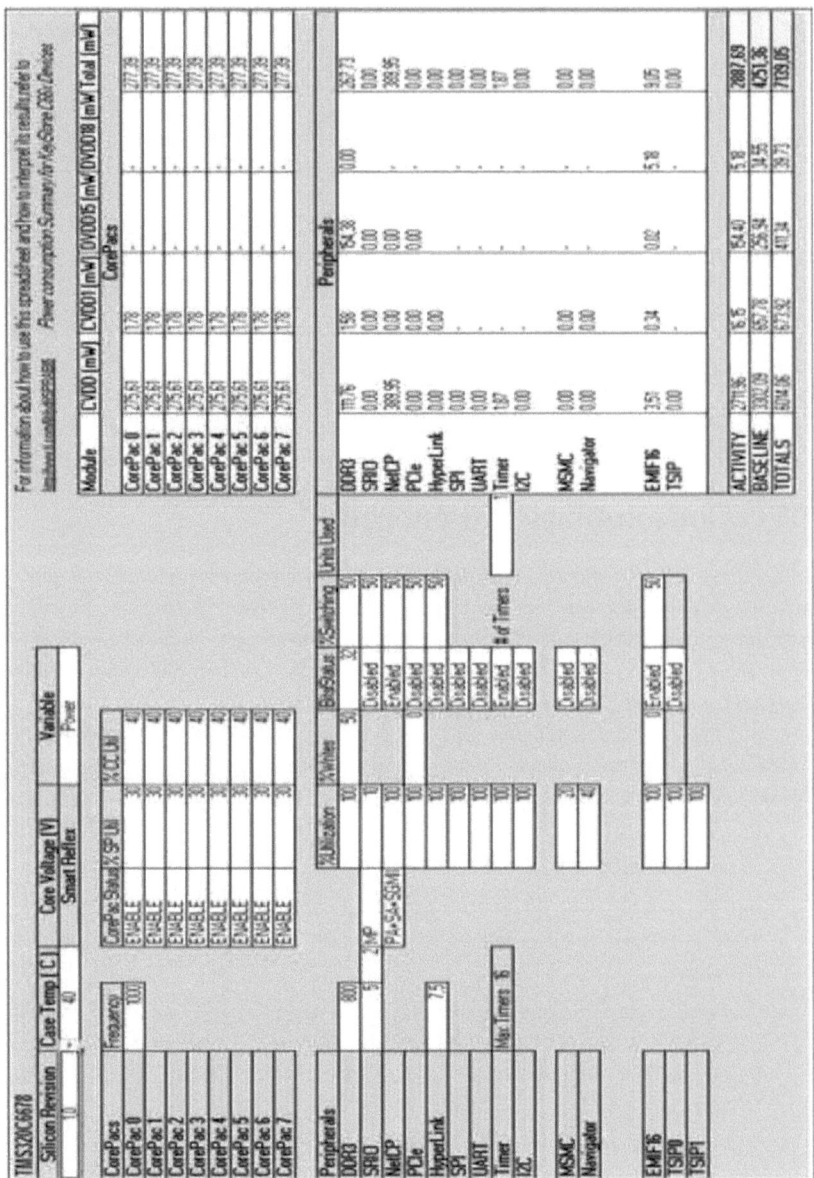

FIGURE 4.12 – Le tableur de TI pour l'estimation de la consommation d'énergie

- %Write : représente la quantité relative de temps que le module transmet par rapport à recevoir.

- Bits : spécifie le nombre de bits de données à utiliser dans une interface de sélection de largeur comme pour la DDR (64 bits, 32 bits ou bien 16 bits).

- Lane : indique le nombre de voies utilisées par cette interface.

- % Switching : spécifie la probabilité qu'un bit de données sur le bus de données changera d'état d'un cycle à l'autre.

Plus de détails sur ces paramètres sont présentés dans la référence [91] qui parle de la consommation d'énergie pour le Keystone C66x. Pour procéder à l'estimation de l'énergie consommée par notre encodeur H264/AVC implémenté sur le DSP C6678, nous avons spécifié pour les pourcentages d'utilisation %SP et %CC respectivement les valeurs 30% et 40%. Cette spécification présente un scénario réaliste pour un code de traitement très intensif [92]. En fait, il est très rare de réussir à exécuter huit instructions par cycle tout le long du traitement. Pour les interfaces externes, nous avons activé la DDR3, EMIF16 (External Memory Interface) et le NetCP (Network Coprocessor). La température du boitier est fixée à 40 degrés. La consommation d'énergie estimée par le tableur de TI est égale à 7,2 W (watts). Cette valeur de consommation est considérée comme non élevée en comparaison avec les consommations des plates-formes à base des processeurs graphiques GPU ou à base de processeurs à usage général (GPP) [93].

4.8 La performance de notre encodeur par rapport aux autres implémentations parallèles

Notre implémentation de l'encodeur H264/AVC sur le DSP TMS320C6678 est comparée avec quelques implémentations parallèles, basées sur des différentes méthodes de partitionnement et exécutées sur des différentes plateformes embarquées. Le tableau 4.12 montre que de nombreux travaux n'ont pas réussi à réaliser un encodage en temps réel surtout en utilisant le codec de référence JM qui est un codec non optimisé. D'autres ont réussi à satisfaire la contrainte d'encodage en temps réel pour certaines résolutions comme QCIF ou CIF mais pas pour des résolutions plus élevées (SD ou HD). Les implémentations parallèles sur des GPU ont permis d'assurer une performance d'encodage en temps réel grâce au nombre important d'unités de traitement (environ 500 unités). Cependant, il y a une perte au niveau de la qualité avec une augmentation du débit vu les optimisations appliquées pour augmenter le parallélisme. D'autre part, la consommation d'énergie élevée reste le problème majeur pour les GPU bien que ce problème s'améliore actuellement avec les nouveaux GPU de la famille Nvidia Tegra K1 (consommation entre 10 et 15 watt dans la plupart des cas [95]).

Tableau 4.12 - comparaison de performances avec d'autres implémentations parallèles de l'encodeur H264/AVC

Approche	Notre approche	[44]	[45]	[47]	[48]	[53]	[56]	[58]	[59]	[94]
Méthode de parallélisme	GOP ou frame	Task	Task avec KPN model	Task	Task et MB avec OpenMP	GOP	slice	Frame, MB et Task	2D wave-front MB	Task
plateforme	DSP multicœur C6678 (7 CPU pour l'encodage)	167-core asynchronous array of simple processors	SOC platform : 4 MIPS processors	Low power dual DSP ADSP BF561	ARM Quad MPcore	3 Microblaze soft cores sur FPGA XILINX	quad DSP C6201	Nvidia GeForce 580 GTX 512 cores	DSP plateforme 64-cores	NVIDEA's GPU using CUDA with 448 cores
Référence software et paramètres d'encodage	LETI's H264 codec, baseline profile, Algorithme d'EM est LDPS, search range=8, Nombre d'images de référence=1, RDO est désactivé, entropy coding est CAVLC.	JM baseline profile, search range=3, Algorithme d'EM est Diamond Search, Nombre d'images de référence=1, entropy coding est CAVLC.	JM 10.2, RDO est activée, entropy coding est CAVLC.	H264/AVC baseline profile.	JM 13.2 baseline profile, search range=1, Algorithme d'EM est full search, Nombre d'images de référence=1, entropy coding est CAVLC.	AVS référence code RM5.2, Algorithme d'EM est full search, entropy coding est CAVLC.	H263/MPEG4 baseline profile, search range=16, Algorithme d'EM est diamond search, entropy coding est VLC.	H264/AVC "intra only"	JM Main Profile, search range=16, Algorithme d'EM est fast full search, Nombre d'images de référence=1, RDO est activée, entropy coding est CABAC.	X264 codec, search range=32, Algorithme d'EM est MRMW, Nombre d'images de référence=1, entropy coding est CAVLC.
Vitesse d'encodage (f/s)	> 120 f/s pour CIF, > 30 f/s pour SD >25 f/s pour HD 720p	21 f/s for VGA (640 x 480)	7.77 f/s pour QCIF	29 f/s pour CIF et 22 pour VGA	accélération= 2.36 pour QCIF sur 4 processors	3 f/s pour QCIF	30 f/s pour CIF	30 pour CIF, 13.6 pour 4CIF et 3.75 pour HD 1080p	accélération = 13, 24, 26 et 49 pour QCIF, SIF, CIF et HD	30 f/s pour HD720p
Distorsion PSNR/Débit	No	Yes	No	Yes	No	No	Yes	No	Yes	Yes

Concernant notre solution, la haute puissance de calcul de notre DSP multicœur le KeyStone C6678 a permis d'assurer un encodage en temps réel même pour la résolution HD. Notre implémentation parallèle n'a pas introduit aucune distorsion ni au niveau de la qualité ni au niveau du débit en comparaison avec la version monocœur. Toutes les dépendances, exigées par la norme, ont été respectées en appliquant l'approche « Frame Level Parallelism » et l'approche « GOP Level Parallelism ». Même, l'algorithme proposé à la section 3.6.2 pour optimiser le module d'intra prédiction a déjà maintenu la même performance d'encodage en termes de qualité vidéo et débit de compression. En effet, il n'a pas introduit aucune distorsion au niveau du PSNR et en contre partie, il a amélioré le débit par un pourcentage de 1.8% pour la résolution HD.

4.9 Conclusion

Dans ce chapitre, nous avons présenté nos implémentations parallèles de l'encodeur H264/AVC basées sur un partitionnement de données. Les deux approches « Frame Level Parallelism » et « GOP Level Parallelism » ont été exploitées afin d'accélérer la procédure d'encodage sur des plateformes DSP multicœurs.

La méthodologie de synchronisation inter-cœurs, basée sur la notification directe et l'arbitrage atomique, a été décrite aussi au niveau de ce chapitre. Des améliorations ont été appliquées pour les versions classiques de « Frame Level Parallelism » et « GOP Level Parallelism ». Ces améliorations ont été basées sur la technique de buffers ping pong et l'approche multithreading afin de réduire le coût du transfert de données et chevaucher la procédure d'encodage avec celle de la lecture / écriture de données.

Une première implémentation parallèle de cet encodeur sur le DSP multicœur C6472 a permis de réaliser un encodage en temps réel pour les résolutions CIF et SD avec une bonne accélération d'encodage pour la résolution HD. Le passage vers un DSP plus puissant en termes de nombre de CPU et fréquence de processeur, le KeyStone TMS320C6678, nous a permis de satisfaire la contrainte d'encodage en temps réel pour la résolution HD.

Notre implémentation multicœur n'a pas introduit de distorsion au niveau de la performance d'encodage par rapport à la version monocœur que ce soit en termes de PSNR ou débit de compression vu que toutes les dépendances des données ont été respectées.

Chapitre 5

Implémentation de la nouvelle norme vidéo HEVC sur des plateformes embarquées

Dans ce chapitre, nous présenterons brièvement la chaîne de codage vidéo HEVC en citant les améliorations et les avantages de ce codec par rapport à la norme H264/AVC. Nous détaillerons la méthodologie d'implémentation monocœur de l'encodeur HEVC sur deux systèmes embarqués : la carte BeagleBoard-xM et le DSP TMS320C6678 en exploitant différents systèmes d'exploitation.

5.1 Introduction

Malgré l'efficacité de la norme de codage vidéo H264/AVC en termes de taux de compression et de qualité visuelle, cette norme devient insuffisante face à l'évolution de la technologie visuelle. En effet, la popularité croissante de la vidéo HD, l'émergence d'au-delà-de la HD (format 4k, 8k), la technologie 3D ou Multiview et le désir accru de l'utilisation des résolutions élevées avec une qualité visuelle excellente surtout dans les applications mobiles, imposent des contraintes strictes pour le codage qui dépassent les capacités de la norme H264/AVC. En outre, plus de 50% du trafic de réseau actuel de la vidéo est destiné aux appareils mobiles et les tablettes-PC. Cette croissance du trafic ainsi que les besoins de transmission pour les services de vidéo à la demande, imposent des défis difficiles dans les réseaux d'aujourd'hui.

Pour ces raisons, et principalement en raison de la nécessité urgente d'une compression plus efficace, la nouvelle norme de codage vidéo H265/HEVC [96] (High Efficiency Video Coding) a été élaborée. Cette recommandation traite toutes les applications existantes du H264/AVC et aussi beaucoup de nouvelles applications telles que celles précitées. Elle a été conçue pour accorder une attention particulière aux trois points clés : augmentation de la résolution vidéo, la facilité d'intégration du système de transport et l'utilisation accrue des architectures de traitement parallèle.

Grâce à plusieurs améliorations et à un schéma de codage optimisé, le standard HEVC a permis d'améliorer l'efficacité de compression en réduisant en moyenne de 50% le débit binaire pour la même qualité vidéo par rapport à son prédécesseur H264/AVC. Cela est au prix d'une complexité de calcul généralement beaucoup plus élevée par rapport aux normes précédentes. Cette complexité représente un défi très difficile pour les développeurs des applications multimédias sur des systèmes embarqués, qui visent répondre aux exigences de traitement en temps réel. Dans ce contexte, nous présenterons dans ce chapitre nos implémentations préliminaires de l'encodeur HEVC sur quelques systèmes embarqués qui seront utiles pour des travaux de recherches ultérieurs d'implémentation temps réel de l'encodeur HEVC de résolution HD sur des architectures embarquées. Nous n'avons pas pu réaliser une implémentation temps réel HD, mais il faut considérer ce travail comme préalable. Dans ce chapitre, nous essayons d'appliquer quelques optimisations afin d'améliorer la vitesse d'encodage sans affecter la performance d'encodage. L'encodage temps réel complet en HD sur multi-composant en utilisant les optimisations du chapitre précédent sera donc fait ultérieurement.

5.2   Description du HEVC

Le H265/HEVC est une norme de codage vidéo qui succède la norme H264/AVC. Ses applications concernent aussi bien la compression des vidéos en très haute définition (2K, 4K, 8K...). Le développement de cette norme de codage vidéo s'est effectué conjointement au sein de l'UIT-T Q.6/SG16 VCEG(Video Coding Experts Group) ainsi que l'ISO/CEI MPEG (Moving Picture Experts Group). Cette norme a été publiée et approuvée officiellement le 25 Janvier 2013. La chaîne de codage vidéo H265/HEVC, illustrée par la figure 5.1, est semblable à celle des autres normes telle que H264/AVC. Il s'agit d'un hybride de prédiction temporelle (mode Inter) et de prédiction spatiale (mode Intra). En effet, la première image d'une séquence est forcément Intra codée. Pour les autres images d'une séquence, on peut utiliser soit un codage inter, soit un codage intra. Le choix du mode de prédiction s'est fait par le bloc de « décision du mode » basé sur le calcul de RD Cost (Rate Distorsion Cost).

Le fonctionnement du HEVC repose globalement sur les principes du H264/AVC mais avec quelques améliorations. Tout démarre par le codage d'une image Intra. Le codage de cette image ne fera référence à aucune autre, contrairement au codage des images suivantes dites inter-images. Les images à traiter seront découpées en blocs de pixels. Là où dans les codecs précédents on se contentait de découper l'image à traiter en macroblocs de 16x16 pixels pour la luminance et de 8x8 pixels pour la chrominance, le codec HEVC utilise le principe de Coding Tree Unit (CTU).

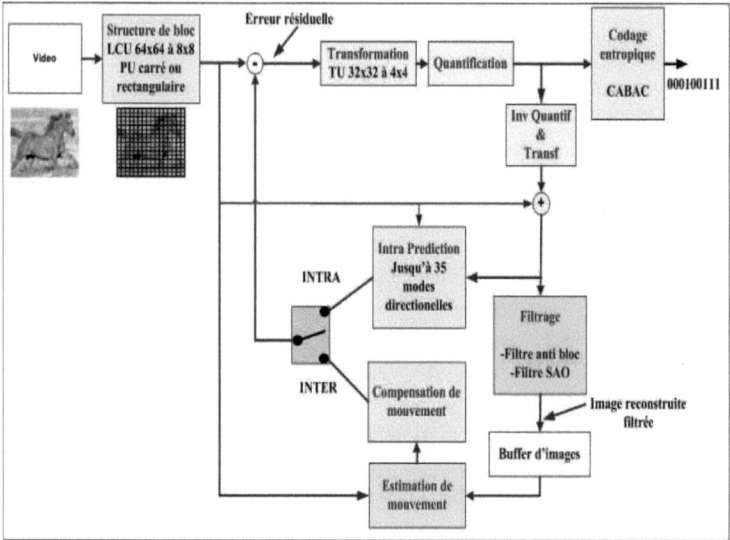

FIGURE 5.1 – La chaîne de codage vidéo HEVC

Ces CTU sont globalement de tailles plus grandes (16, 32 ou 64) et sont choisis par l'encodeur. L'image intra sera codée grâce à un ensemble de prédiction spatiale à l'intérieur de l'image traitée alors que les images inter seront codées en se basant sur un algorithme d'estimation et de compensation de mouvement.

Ensuite, une transformation DCT (Transformation en Cosinus Discret) suivie par une quantification est appliquée à l'erreur résiduelle qui est la différence entre le CTU source et le meilleur CTU prédit afin de réduire la quantité de données à transmettre. Les coefficients transformés et quantifiés sont par la suite codés avec un codage entropique CABAC (Context-adaptive Binary Arithmetic Coding) afin de générer le bitstream qui sera transmis sur le réseau ou enregistré pour le décoder plus tard.

Comme pour le H264/AVC, une chaîne de décodage est intégrée dans la structure de l'encodeur HEVC. Elle est formée par la quantification inverse et la transformée inverse, utilisée pour reconstruire l'image codée qui sera exploitée comme une image de référence pour les images ultérieures au niveau de l'estimation de mouvement. Le HEVC applique deux filtres à l'image reconstruite au lieu d'un seul pour le H264/AVC, un filtre anti bloc classique et un filtre SAO (Simple Adaptative Offset), afin d'améliorer la qualité et la netteté de bords et réduire les artéfacts.

5.2.1 Slice et Tiles

Une image pour la norme HEVC est divisée en une ou plusieurs tranches (slices) comme le montre la figure 5.2. Une slice peut contenir un nombre variable de CTU (Coding Tree Unit, expliquée dans la section suivante). Le but principal des slices est la resynchronisation après les pertes des données. Les slices sont utilisées pour contrôler la taille des paquets. Chaque slice peut être codée en utilisant différents types de codage comme suit :

- I Slice : toutes les CU (unités de codage, définie dans ce chapitre) de la slice sont codées en utilisant une prédiction intra-image. Elles peuvent être reconstruites sans aucune référence à d'autres images.

- P Slice : certaines CU sont codées en utilisant une prédiction inter-image unidirectionnelle basée sur une seule liste de référence : la liste 0 (les images dont l'ordre temporel est inferieur à l'ordre de l'image courante et qui sont codées aussi avant l'image courante).

- B Slice : certaines CU sont codées en utilisant une prédiction inter-image bidirectionnelle basée sur deux listes de référence. Les B slices peuvent utiliser comme référence des images de la liste 0 ou de la liste 1 (les images dont l'ordre temporel est supérieur à l'ordre de l'image courante mais elles sont codées en premier lieu) ou les deux simultanément.

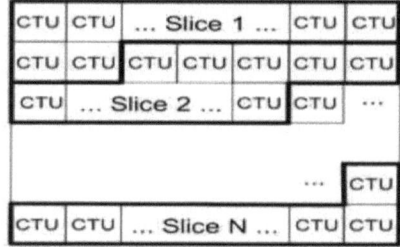

FIGURE 5.2 – Décomposition de l'image en slices pour le standard HEVC

En outre, une nouvelle fonctionnalité a été introduite au niveau du HEVC qui divise une image en groupes rectangulaires de CTU comme indiqué par la figure 5.3, appelés Tiles. Un seul Tile peut contenir plusieurs slices.

5.2.2 Structures de blocs

Les normes précédentes répartissent les images en macroblocs de taille 16x16 pixels. Aujourd'hui, avec des vidéos de haute résolution, l'utilisation des blocs de tailles plus grandes est plus avantageuse pour l'encodage. Pour soutenir cette grande

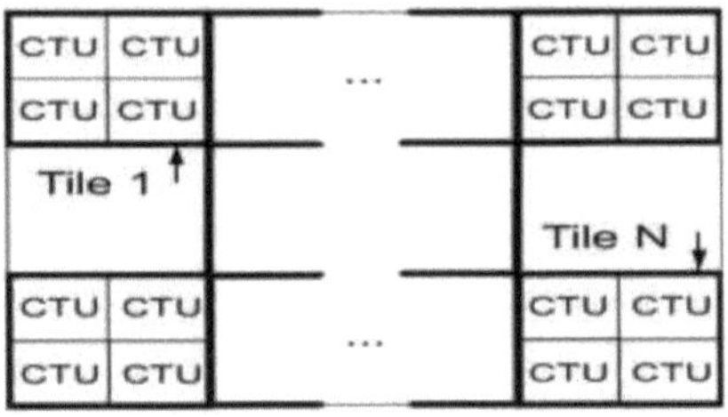

CTU	CTU			CTU	CTU
CTU	CTU	...		CTU	CTU
Tile 1 ↑				Tile N ↓	
CTU	CTU			CTU	CTU
CTU	CTU	...		CTU	CTU

FIGURE 5.3 – Décomposition de l'image en Tiles pour le standard HEVC

variété de tailles de blocs d'une manière efficace, le HEVC divise les images en plusieurs unités dites CTU couvrant chacune une zone rectangulaire de l'image allant de 64x64 à 8x8. Au cours de l'encodage, chaque CTU est divisée en Coding Unit (CU), Prediction Unit (PU) et Transformation Unit (TU) avec des tailles n'excédant pas la taille maximale du CU.

5.2.2.1 Unité de codage

L'unité de codage (CU) est définie comme une unité de base qui a une forme carrée. Bien qu'elle joue un rôle similaire au macrobloc et sous-macrobloc dans la norme H264/AVC, la principale différence réside dans le fait que les CU peuvent avoir des tailles différentes sans distinction.

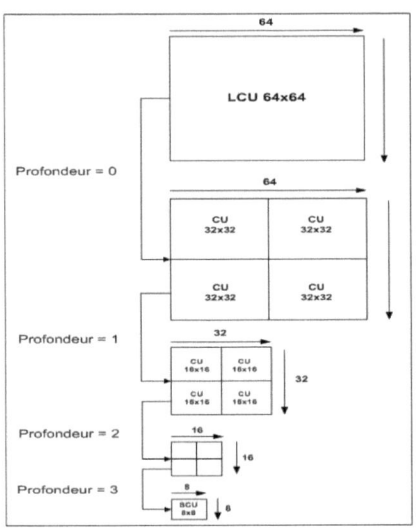

FIGURE 5.4 – Les tailles d'un CU

L'ensemble du traitement est effectué sur une base des CU, comprenant la prédiction intra / inter, la transformée, la quantification et le codage entropique. Au cours de l'encodage, chaque CTU est divisée en une ou plusieurs CU dont les tailles sont variables selon quatre niveaux de profondeur comme illustré par la figure 5.4. La plus grande unité de codage est notée par LCU (Large Coding Unit) avec une taille de 64x64 pixels. La plus petite unité de codage est notée par le terme SCU (Small Coding Unit) dont la taille est de 8x8 pixels. Selon le module de décision de mode en se basant sur les RD Cost calculés pour chaque partitionnement, une CTU peut être codée avec différentes tailles de CU comme l'indique la figure 5.5.

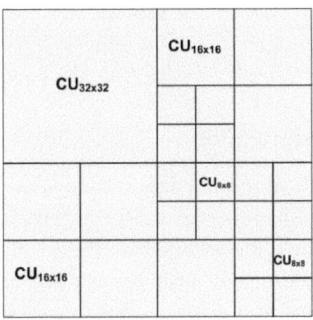

FIGURE 5.5 – La structure d'un CTU pour HEVC

5.2.2.2 Unité de Prédiction

L'unité de base pour le processus de prédiction est l'unité de prédiction (PU). Il convient de noter que la PU est définie pour toutes les CU de profondeur quelconque et sa taille maximale est limitée à celle de la CU.

Le mode de prédiction est l'une des valeurs parmi Skip, Intra ou Inter, qui décrivent la nature de la méthode de prédiction. Les tailles possibles pour les PU sont définies en fonction du mode de prédiction comme présenté dans la figure 5.6. Pour l'intra, il y a deux décompositions possibles pour la PU : 2Nx2N (c.-à-d. pas de décomposition) et NxN (avec décomposition). Pour l'inter, huit décompositions possibles : quatre blocs symétriques (2Nx2N, 2NxN, Nx2N, NxN) et quatre blocs asymétriques (2NxnU, 2NxnD, nLx2N et nRx2N). Un PU codé en mode SKIP ne peut être que de taille 2Nx2N c.-à-d. que le codage de l'ensemble de la PU est ignoré. Le nombre N provient de la taille de la CU au quelle la PU appartient. Par exemple, si la taille de la CU est 64x64, deux PU 64x64 et 32x32 sont possibles pour la prédiction intra.

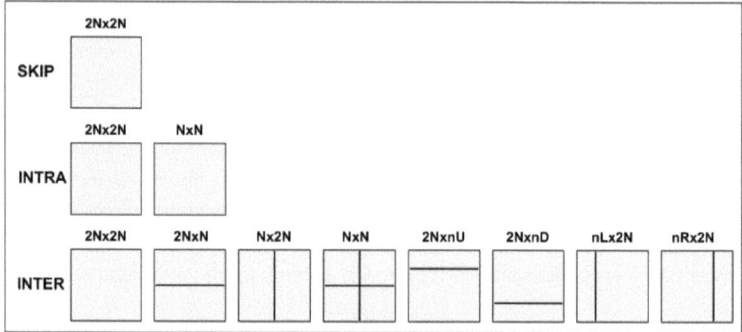

FIGURE 5.6 – Les tailles d'un PU pour HEVC

5.2.2.3 Unité de transformation

En plus de CU et de PU, une unité de transformation (TU) pour la transformée et la quantification est définie séparément. Il convient de noter que la taille de la TU pourrait être plus grande que celle de la PU, ce qui est différent par rapport aux normes précédentes, mais elle ne peut pas dépasser la taille de la CU. La taille de la TU n'est pas arbitraire et une fois la structure de la PU est choisie pour une unité de codage, trois partitions sont possibles pour la TU comme indiqué par la figure 5.7. Si le « split flag » de la TU est fixé à 0, sa taille est la même que celle de la CU au quelle elle appartient. Sinon, elle sera définie comme NxN ou N/2xN/2 selon le partitionnement de la PU. La taille maximale d'une TU est de 32 et sa taille minimale est de 4.

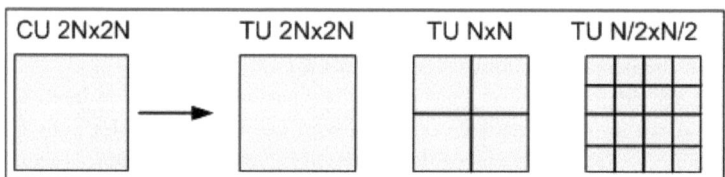

FIGURE 5.7 – Les structures d'un TU pour HEVC

5.2.3 La Prédiction Intra

En H264/AVC, la prédiction intra du bloc cible est menée dans le domaine spatial en se référant aux échantillons voisins de la région de gauche, en haut, en haut à droite et enfin à gauche. Bien que la prédiction intra soit toujours menée dans le domaine spatial en HEVC, les pixels voisins de la PU gauche en bas sont aussi utilisés comme l'indique la figure 5.8 contrairement à la norme H264/AVC.

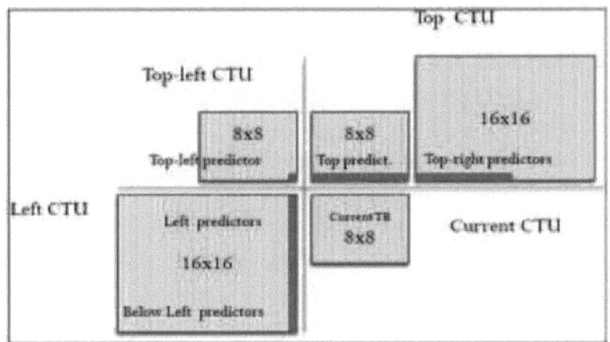

FIGURE 5.8 – Dépendances de données pour l'intra prédiction en HEVC

L'intra prédiction en HEVC présente jusqu'à 35 modes de prédiction pour les différentes PU (au lieu de neuf modes pour le H264/AVC) pour la composante luminance comme présenté dans la figure 5.9. Les directions de modes de l'intra prédiction présentent des angles de + / - [32..32]. Notons que le mode particulier 10 correspond au mode horizontal et le mode 26 correspond au mode vertical. Outre les 33 modes angulaires, il existe aussi deux autres modes à savoir le mode DC et le mode plane similaires à ceux de la norme H264/AVC.

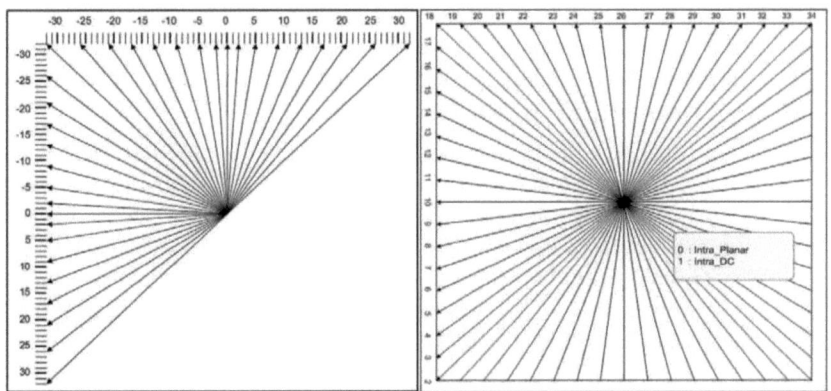

FIGURE 5.9 – Les angles et les modes de l'intra prédiction en HEVC

5.2.4 La Prédiction Inter

Le codage inter suit plusieurs étapes à savoir :

- Détermination du vecteur de mouvement prédit : avant de procéder à l'estimation de mouvement, l'encodeur calcule un point de départ pour commencer la recherche afin de converger rapidement. Ce point est déterminé par le vecteur de mouvement prédit. En H264/AVC, ce vecteur est calculé par le médian de vecteurs de mouvement de MB voisins au MB courant.

  Pour le HEVC, une des deux techniques suivantes est appliquée pour déterminer le vecteur de mouvement prédit :

    - Le mode AMVP [97] (Advanced Motion Vector Prediction) : le vecteur de mouvement prédit est calculé à partir d'une liste de vecteurs de mouvement composée de deux vecteurs spatiaux déterminés à partir de vecteurs de mouvement des PU adjacentes à la PU courante dans l'image courante et un vecteur temporel déterminé a partir des PU adjacentes dans l'image de référence.

    - Le mode Merge [98] : le vecteur de mouvement prédit est calculé à partir d'une liste de candidats composée de vecteurs spatiaux (PU adjacentes dans l'image courante) et des vecteurs temporels (PU adjacentes dans l'image de référence). Le meilleur vecteur sera déterminé en se basant sur l'évaluation de RD cost. Le PU courant va hériter ainsi de la même information de mouvement que la PU dont son vecteur de mouvement a été sélectionné par le mode Merge.

- L'estimation du vecteur de mouvement : elle consiste à associer à chaque bloc PU de l'image courante, un vecteur de mouvement permettant de déterminer son déplacement par rapport à l'image précédente. Cela se fait par divers algorithmes de recherche [99].

- La compensation de mouvement : elle permet de déterminer la CU prédite selon le vecteur de mouvement calculé. Une précision d'un quart de pixel est utilisée pour les vecteurs de mouvement et des filtres de 7 tap_coef ou 8 tap_coef sont utilisés pour interpoler les positions de pixels fractionnaires (au lieu de 6 tap_coef pour le quart de pixel dans H264/AVC). La chrominance bénéficie pour sa part d'un filtre bilinéaire d'une précision d'un 1/8 de pixel qui améliore considérablement sa prédiction.

5.2.5 La Transformation

Le signal résiduel, qui est la différence entre le bloc initial et sa prédiction, est transformé en utilisant une transformée par blocs sur la base de la transformée en cosinus discrète (DCT) ou la transformée en sinus discrète (DST). Cette dernière n'est utilisée que pour la prédiction intra 4x4. La transformée permet d'avoir des données non corrélées, séparées en composants avec interdépendance minimale et compactes de telle sorte que l'énergie soit concentrée dans un petit nombre de valeurs. Le HEVC prend en charge quatre tailles d'unité de transformation (TU) : 4x4, 8x8, 16x16 et 32x32 amenant à un codage plus efficace.

5.2.6 La Quantification

La quantification est appliquée au bloc transformé afin de réduire d'avantage les coefficients non nuls. Elle est semblable à celle de H264/AVC. La quantification est contrôlée par un paramètre de quantification (QP) qui est défini de 0 à 51. Ce paramètre agit directement sur le débit et la qualité de la vidéo. Par conséquent, si le QP est très faible, presque tous les détails sont conservés et quand le QP augmente, le débit (la quantité de données) diminue considérablement au prix d'une certaine perte de qualité.

5.2.7 Le filtrage

Nous avons déjà vu que la procédure d'encodage en HEVC est basée essentiellement sur un codage par blocs (CU, PU et TU) comme avec les précédentes techniques d'encodage par bloc pour le H264/AVC (16x16, 8x8 et 4x4). Cette procédure introduit un effet de blocs au niveau de l'image reconstruite ce qui réduit la qualité de l'image. Afin de surmonter ce problème, deux types de filtre sont appliqués : un filtre de déblocage (filtre anti bloc classique en compression) puis un filtre SAO (Sample Adaptive Offset). Le filtre de déblocage a pour but réduire l'effet de blocs (blocking artefacts) et il s'applique uniquement aux échantillons des frontières de bloc, tandis que le filtre SAO vise à améliorer la précision de la reconstruction de l'amplitude du signal d'origine. Il est appliqué d'une manière adaptative à tous les échantillons, en ajoutant conditionnellement une valeur de décalage « Offset » à chaque échantillon, basée sur des valeurs définies dans des tableaux « look-up tables » déclarés par l'encodeur.

5.2.8 Le codage entropique

Le standard HEVC utilise l'algorithme CABAC [96] au niveau du codage entropique pour reconstruire le bitstream. Il est fondamentalement semblable à CABAC dans la norme H264/AVC. Le CABAC est la seule méthode d'encodage entropique utilisée en HEVC alors qu'on peut choisir entre le CAVLC et le CABAC pour le H264/AVC. Le CABAC et le codage entropique des coefficients transformés en HEVC ont été conçus pour supporter débit supérieur [100] à la norme H264/AVC tout en gardant une efficacité de compression plus élevée pour les tailles de blocs plus larges grâce à des simples améliorations [101] [102]. Par exemple, le nombre de « context coded bins » a été réduit de 8 fois et le CABAC « bypass-mode » a été amélioré au niveau de son design pour augmenter le débit. Une autre amélioration en HEVC est que les dépendances entre les données codées ont été modifiées pour augmenter encore le débit. La modélisation du contexte en HEVC a été également améliorée afin que CABAC puisse mieux sélectionner un contexte qui augmente l'efficacité en comparant avec H264/AVC.

5.3 Configuration de Codage

Le codeur HM (HEVC Test Model) [103] prend en charge trois types de configuration de codage, comme indiqué dans les conditions d'essai communes [104] et [105]. Ces configurations sont : Intra-only, Low-delay et Random-access. La gestion de la liste des images de référence dépend de la configuration temporelle.

5.3.1 Configuration Intra-Only

Pour la configuration de codage Intra-Only [96], chaque image de la séquence vidéo est codée comme une image I (Intra). Il n'utilise pas d'images de référence temporelles puisque seule l'intra prédiction est appliquée. La valeur du QP est constante pour toutes les images. La figure 5.10 donne une représentation graphique de la configuration Intra-Only. Le numéro associé à chaque image représente l'ordre de codage.

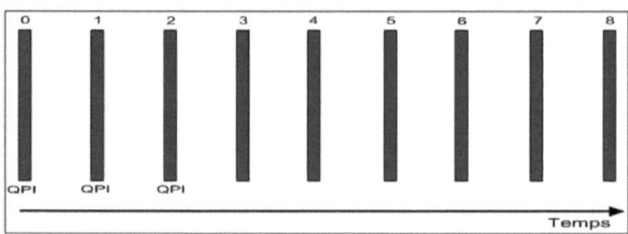

FIGURE 5.10 – Représentation graphique de la configuration Intra-Only

5.3.2 Configuration Low-Delay

Deux configurations de codage ont été définies pour tester la performance de codage en Low-Delay, nommées «Low-Delay P» et «Low-Delay B» [96]. Avec la configuration Low-Delay, la première image est la seule codée comme une image I (Intra), les autres sont chacune codée comme une slice-P pour le mode Low-Delay P ou comme une slice B pour le mode Low-Delay B. Pour les deux modes, au niveau de l'inter prédiction, chaque image courante prend comme image de référence l'image I et l'image qui la précède. Pour le mode Low-Delay B, les deux listes de référence RefPicList0 et RefPicList1 sont identiques.

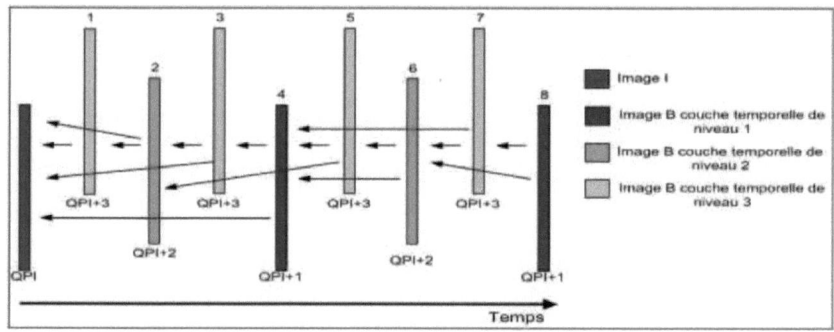

FIGURE 5.11 – Représentation graphique de la configuration Low-delay B

La figure 5.11 montre une représentation graphique de la configuration Low-Delay. Le numéro associé à chaque image représente l'ordre de codage. Le QP de chaque image codée inter (QPI) est obtenu en ajoutant un offset au QP de l'image codée intra (QPI) selon la couche temporelle. En terminant l'encodage de toutes les images de différentes couches temporelles, la dernière image de la première couche (image 8) prend la place de l'image I dans la liste de référence. Ainsi, si on considère l'image 9, alors elle aura comme image de référence seulement l'image 8. Pour l'image 10, les images de référence seront l'image 8 et l'image 9 etc.

5.3.3   Configuration Random-Access

Pour la configuration Random-Access, une structure hiérarchique pour les slices B est utilisée au niveau du codage. La figure 5.12 montre une représentation graphique de la configuration Random-Access. Le numéro associé à chaque image représente l'ordre de codage. Une image intra est codée à environ une seconde d'intervalle, conformément à l'option de configuration « intra period », configurée en fonction de la fréquence d'images « Frame rate ». La première image est codée comme image I. Les images situées entre deux images I sont codées comme images B. Une image d'une couche temporelle basse (de niveau 1 à 3) peut se référer à une image I ou B au niveau de l'inter prédiction. Les images de la couche temporelle la plus élevée ne sont pas utilisées comme des références. Le QP de chaque image codée inter est obtenu en additionnant un offset au QP de l'image I en fonction de la couche temporelle.

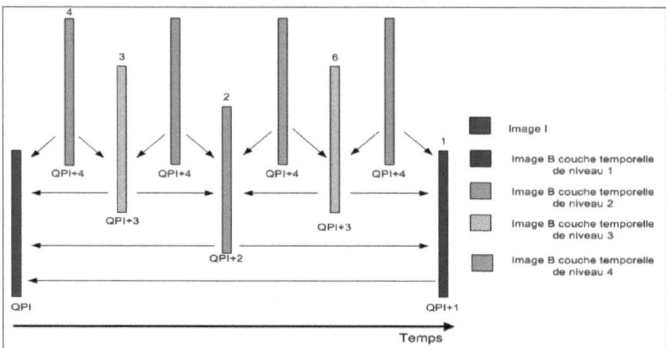

FIGURE 5.12 – Représentation graphique de la configuration Random-Access

5.4 Implémentation de l'encodeur HEVC sur des plateformes embarquées

Nous présenterons dans ce chapitre nos implémentations préliminaires de cet encodeur sur deux plateformes embarquées : la BeagleBoard-xM [106] à base d'un processeur ARM et le DSP TMS320C6678 à base de 8 cœurs C66x. En première étape, seule la version monocœur de HEVC a pu être explorée, mais les travaux sur le parallélisme effectués dans le chapitre précédent pourront bien sûr être appliqués ultérieurement. Ici, le but est donc effectuer une étude comparative en termes de vitesse d'encodage sur deux types de processeurs distincts fonctionnant avec une même fréquence d'horloge.

5.4.1 Description de la plateforme BeagleBoard-xM

La BeagleBoard-xM est un système embarqué basé sur un processeur ARM™ DM3730 de Texas instruments™ (cortex™ - A8) cadencé à 1 GHz avec 512 Mo de mémoire DDR RAM. Cette plateforme est conçue spécifiquement pour s'adresser à la communauté Open Source. Elle est caractérisée par une faible consommation d'énergie et elle intègre une grande quantité de mémoire sur puce. En plus d'un processeur ARM Cortex A8, ce SOC comporte également un noyau DSP d'architecture C64x+. La BeagleBoard-xM est très extensible ce qui permet d'ajouter des nombreuses fonctionnalités. Plusieurs interfaces sont liées à cette carte comme l'indique la figure 5.13 [107] telles que l'Ethernet 10/100 pour les connexions réseaux de type TCP/IP et quatre ports USB de haut débit permettant de connecter divers périphériques comme une souris, un clavier, une caméra web et un module Wifi ou Bluetooth. La BeagleBoard-xM supporte un lecteur de carte microSD de haute capacité (4 Go) permettant aux développeurs d'y démarrer divers systèmes d'exploitation comme Linux Angstrom, Ubuntu et Android sans aucune dépendance à une mémoire non volatile fixe comme la mémoire NAND flash. Une sortie vidéo est accessible via des connecteurs S-vidéo ou DVI-D (HDMI). Cette plateforme intègre aussi un connecteur pour une caméra vidéo externe permettant une acquisition simple et rapide des données vidéo. Toutes ces caractéristiques rendent la BeagleBoard-xM une solution très intéressante pour tester et évaluer des diverses applications telles que développement des noyaux linux, des applications de traitement d'images embarquées et des vidéos dans le domaine de domotique ou la robotique etc. Pour ces raisons, nous avons décidé d'implémenter l'encodeur HEVC sur cette plateforme d'autant qu'elle supporte un OS Linux qui nous permet donc de compiler facilement l'application HEVC et de l'exécuter avec le processeur ARM Cortex A8.

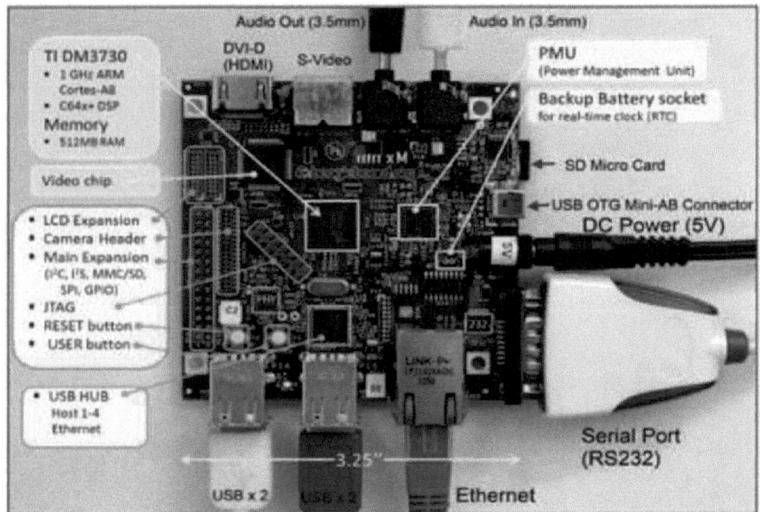

FIGURE 5.13 – La carte BeagleBoard-xM

5.4.2 Utilisation d'un OS Linux embarqué

5.4.2.1 Stratégie d'implémentation de l'encodeur HEVC sur BeagleBoard-xM

Le software HM (HEVC Test Model) de l'encodeur HEVC est un code C++ qui peut être compilé sous différents OS tel que Windows ou Linux. Pour générer le code exécutable de l'encodeur HEVC qui va être exécuté par le processeur ARM, la technique de compilation croisée est utilisée. La compilation de l'encodeur HEVC est effectuée sur le PC (fonctionnant avec un OS Ubuntu) au lieu de la plateforme BeagleBoard-xM et par la suite l'exécutable sera copié dans la mémoire SD et exécuté par le processeur ARM. La compilation croisée fait référence à des chaînes de compilation permettent d'avoir un exécutable compatible avec la plateforme sur la quelle l'exécution du code est effectuée.

Les étapes d'implémentation et d'exécution de l'encodeur HEVC sur la plateforme BeagleBoard-xM et exactement sur le processeur ARM sont ainsi décrites comme suit :

- Un compilateur croisé avec un toolchain dédié pour l'architecture ARM sont installés sur le PC pour compiler l'encodeur HEVC.

- Un noyau Linux Angstrom [108] est installé sur la carte SD de BeagleBoard-xM.

- Après avoir compilé l'encodeur HEVC sur le PC, l'exécutable généré, les vidéos à encoder et le fichier de configuration « .cfg » contenant les paramètres d'encodage sont tous copiés dans la carte SD. Concernant les vidéos utilisées, on n'encode pas pour le moment un flux de caméra. On utilise actuellement des séquences pré-stockées afin de pouvoir comparer les vitesses.

- La carte BeagleBoard-xM et le PC sont interconnectés via le port série RS232. L'outil minicom [109], qui est un programme d'émulation de terminal équivalent à un HyperTerminal sous windows, est utilisé pour assurer la communication entre le PC et la BeagleBoard-xM.

- En mettant sous tension la carte BeagleBoard-xM, elle démarre sous Linux à partir de la carte SD. Ainsi, à travers l'interface minicom, l'exécution de l'encodeur HEVC sur la plateforme BeagleBoard-xM est lancée.

5.4.2.2 Stratégie d'implémentation de l'encodeur HEVC sur le DSP C6678

Le code HM de l'encodeur HEVC est un code C++ contenant un nombre très grand de classes, des fonctions et des exceptions C++ dont certaines ne sont pas compatibles avec les structures logicielles (frameworks) d'un DSP en utilisant le compilateur standard C6000[110] avec l'OS SYS BIOS. Ainsi, afin d'avoir une solution fonctionnelle sur DSP, certaines modifications [111] doivent être appliquées au niveau du code. Comme première étape, nous avons décidé d'éviter ces changements et de chercher une autre solution permettant d'avoir un exécutable fonctionnel sur le DSP C6678. La solution était d'augmenter le niveau d'abstraction en utilisant un compilateur Linux à la place du compilateur standard C6000 SYS BIOS. En effet, le DSP TMS320C6678 comporte une mémoire NAND Flash de taille 64 Mo supportant un OS Linux embarqué dédié pour l'architecture C6000. Ceci nous amène à utiliser un deuxième cross compilateur (le premier était pour ARM) afin d'obtenir un exécutable compatible avec l'architecture de DSP C6678. Les étapes d'implémentation et d'exécution de l'encodeur HEVC sur le DSP TMS320C6678 en utilisant un OS Linux sont détaillées comme le suivant :

- Un noyau Linux-c6x [112], qui est Linux embarqué dédié pour la famille de DSP C6000, est chargé dans la mémoire NAND Flash du DSP C6678.

- Un compilateur croisé uclinux-c6x [113] est installé sur le PC et utilisé pour compiler l'encodeur HEVC afin d'obtenir un exécutable fonctionnel avec l'architecture C6000.

- Vu la petite taille de la mémoire NAND Flash, l'exécutable généré, les vidéos à encoder et le fichier de configuration « .cfg » contenant les paramètres d'encodage sont tous conservés sur le PC dans un fichier partagé. Le DSP accèdera à ce fichier via une liaison Ethernet en utilisant le protocole NFS (Network File System) [114].

- Le DSP C6678 est configuré pour se démarrer à partir de la mémoire NAND Flash. Ceci est assuré en fixant les positions des interrupteurs de configuration de mode de démarrage sur les positions convenables avec le mode de démarrage « NAND Flash boot mode » [112].

- Le DSP et le PC sont interconnectés à travers deux liaisons : une liaison Ethernet en fixant une adresse IP statique pour chacun et aussi une liaison série RS232. L'outil minicom est utilisé pour gérer la communication entre les deux systèmes.

- Un dossier est créé dans la partition fichier système du DSP. Il servira comme un point de montage sur le DSP.

- Le DSP accède au fichier partagé, qui a été créé sur le PC, en utilisant la commande NFS « sudo mount -t nfs @IP_du_PC :/dossier_partagé_sur_PC /point_de_montage_sur_DSP » et exécute l'application de l'encodeur HEVC.

5.4.2.3 Résultats expérimentaux de l'encodeur HEVC avec un OS Linux embarqué

Pour évaluer la performance de notre travail, l'encodeur HEVC du code HM 12.1 [103] est implémenté sur les deux plateformes, BeagleBoard-xM et le DSP TMS320C6678 fonctionnant avec la même fréquence de processeur égale à 1 GHz. L'implémentation sur le DSP C6678 est limitée à une exécution sur un seul des 8 CPU du C6678. Les paramètres d'encodage sont identiques aux conditions générales de tests définies par le standard HEVC [104]. La taille de LCU est fixée à 64x64 avec une profondeur égale à 4. Le codeur entropique est le CABAC. Plusieurs séquences vidéo avec différentes caractéristiques sont testées. Une seule résolution appartenant à la classe D (416x240) est testée comme point de départ. Le but est d'avoir une implémentation optimisée pour cette résolution. En arrivant au temps réel, on passera par la suite à des résolutions plus élevées. Le nombre d'images encodées pour chaque séquence est 100. Quatre valeurs de QP (22, 27, 32 et 37) sont utilisées au cours de tests. La configuration « Intra Only » est choisie pour l'encodage.

La performance de l'encodeur HEVC sur les deux plateformes est évaluée en termes de temps d'encodage. Concernant la qualité et le débit, ces deux paramètres ne sont pas tenus en considération vu que nous n'avons pas modifié l'algorithme d'encodage.

Le tableau 5.1 présente les moyens de temps d'encodage par image (en seconde) obtenus pour chaque séquence vidéo sur les deux plateformes BeagleBoard-xM et le DSP TMS320C6678. Le gain de temps d'encodage est aussi calculé pour évaluer la performance de deux plateformes. Ce gain est calculé selon l'équation 5.1.

$$gain\,de\,temps(\%) = \frac{temps\,d'Enc\,sur\,BeagleBoard - temps\,d'Enc\,sur\,DSP}{temps\,d'Enc\,sur\,BeagleBoard} \quad (5.1)$$

Tableau 5.1 – Temps d'encodage (secondes) pour des vidéos de classe D (416x240) sur une plateforme BeagleBoard-xM et un DSP C6678 en utilisant un OS linux

Séquence de Classe D 416x240)	QP	Temps moyen pour 1 image sur la BeagleBoard-xM(s)	Temps moyen pour 1 image sur le DSP C6678(s)	Gain (%)
BasketballPass	22	23,07	18,23	20,98
	27	20,24	16,09	20,50
	32	17,75	14,57	17,92
	37	15,90	13,35	16,04
BQSquare	22	29,59	22,72	23,22
	27	26,15	20,05	23,33
	32	22,72	17,97	20,91
	37	20,10	16,12	19,80
BlowingBubbles	22	28,77	22,25	22,66
	27	24,79	19,18	22,63
	32	21,02	16,71	20,50
	37	17,88	14,62	18,23
RaceHorses	22	26,58	20,48	22,95
	27	23,54	18,25	22,47
	32	20,28	16,71	17,60
	37	17,88	14,33	
Moyenne		**22,27**	**17,60**	**20,60**

Les résultats expérimentaux montrent bien la haute complexité de l'encodeur HEVC. Le temps d'encodage sur un processeur de fréquence 1 GHz est relativement grand même pour des vidéos de faible résolution. En effet, la BeagleBoard-xM nécessite environ 22 secondes en moyenne pour encoder une seule image de classe D (416x240). Le DSP C6678 assure un gain de 20% en moyenne par rapport à la BeagleBoard-xM en terminant l'encodage dans 17,6 secondes. Malgré une fréquence de processeur identique sur les deux plateformes (1 GHz), le DSP est plus rapide. Ce gain est expliqué par la rapidité de la mémoire externe DDR du DSP, où on a alloué le code et la plupart des données, par rapport à celle de la BeagleBoard-xM. En effet, la mémoire externe du C6678 est une DDR3 de 64-bits fonctionnant avec une fréquence de 1333 MHz fournissant ainsi une large bande passante que celle de la mémoire de BeagleBoard-xM qui est une DDR de 32 bits avec une fréquence de 166 MHz. Ceci influe considérablement sur le temps d'encodage vu que l'encodeur HEVC comporte un nombre très grand d'instructions de chargement et de sauvegarde (Load/Store).

Malgré la complexité d'implémentation de l'encodeur HEVC en termes de structures de données et nombre important de fonctions et de classes, on a réussi à implémenter cet encodeur sur différents systèmes embarqués. Cependant, d'après les résultats obtenus, il est bien clair qu'on est encore très loin du temps réel. Ceci nous guide à proposer et appliquer une méthodologie d'optimisation pour améliorer le temps d'encodage tout en gardant une bonne performance d'encodage.

5.5 Optimisation de l'implémentation du HEVC sur le DSP C6678

Étant donné que l'exécution sur un seul cœur DSP C6678 a donné le meilleur résultat du temps d'encodage, les optimisations à proposer vont concerner également cette plateforme. Notre objectif essentiel est d'avoir une implémentation optimisée de l'encodeur HEVC sur le DSP C6678 fonctionnant avec une bonne vitesse d'encodage sans dégrader les performances d'encodage que soit au niveau de la qualité ou bien le débit. Le but est de préparer une solution fonctionnelle bien optimisée sur un seul cœur DSP qui sera le point de départ pour les travaux de recherche ultérieurs.

5.5.1 Utilisation d'un OS temps réel SYS BIOS

Étant donné que l'implémentation de l'encodeur HEVC sur DSP en utilisant l'OS Linux-c6x n'a pas donné des bons résultats en termes de temps d'encodage, nous avons décidé de migrer vers l'exploitation de l'OS temps réel SYS BIOS avec le compilateur standard C6000 tout en travaillant avec l'environnement de développement Intégré (IDE) Code Composer Studio v5 [115]. L'utilisation du compilateur

C6000 nécessite de faire des modifications au niveau du code HM pour qu'il soit compatible avec les frameworks du DSP. Ainsi, les changements nécessaires à faire sont définis ci-dessous :

- Utiliser la bibliothèque string à la place de memory.

- Redéfinir la fonction find au niveau de la classe TComIterator pour adapter les paramètres d'entrée.

- Utiliser la bibliothèque math.h et exploiter la fonction intrinsics abs calculant la valeur absolue d'une variable.

- Redéfinir certaines classes C ++ afin d'adapter certaines variables non prises en charge par le compilateur C++ du DSP.

- Redéfinir le type Bool pour qu'il soit reconnu par le compilateur C6000.

- Remplacer les fonctions utilisées pour mesurer les performances avec les timers du PC par les fonctions adéquates qui font appel aux timers du DSP.

- Définir la fonction strdup qui n'est pas disponible dans l'environnement de développement DSP.

- Configurer le compilateur pour que le format des fichiers exécutables de sortie soit en format ELF (Executable and Linkable Format) [116] au lieu de COFF (Common Object File Format) [117]. Le format ELF est nécessaire pour supporter certains types de données et certaines fonctions et structures C++.

- cocher l'option de compilation au niveau de l'environnement code composer studio « Support C++ run-time type information –rtti », sert à déterminer le type d'une variable pendant l'exécution du programme.

En appliquant les modifications indiquées ci-dessus, nous avons réussi à exécuter l'encodeur HEVC sur 1 seul cœur DSP C6678.

Afin de comparer entre l'utilisation de Linux-c6x et l'OS temps réel SYS BIOS pour exécuter l'encodeur HEVC, les mêmes conditions de test et les mêmes séquences vidéo sont utilisées. Le tableau 5.2 présente les moyens de temps d'encodage obtenus pour encoder une image de classe D (416x240) avec différentes valeurs de QP et ceci pour la version avec Linux-c6x et celle avec SYS BIOS.

D'après les résultats obtenus, nous constatons que le temps d'encodage est amélioré d'environ 27% en utilisant SYS BIOS par rapport à Linux-c6x. En effet, le temps d'encodage nécessaire pour encoder une image classe D est diminué de 17.6 secondes avec Linux à 12.77 secondes en moyenne avec SYS BIOS. Ceci est bien évident puisque le compilateur C6000 utilisé avec SYS BIOS est plus performant que le compilateur uclinux-c6x utilisé avec l'OS Linux-c6x en termes de génération d'un code assembleur plus optimisé qui tient en compte de l'architecture de la plateforme utilisée.

Tableau 5.2 – Comparaison entre l'utilisation de Linux-c6x et SYS BIOS avec le DSP C6678 en termes de temps d'encodage HEVC pour des vidéos de classe D (416x240)

Séquence de Classe D (416x240)	QP	Temps d'encodage moyen pour une seule image sur le DSP C6678 avec Linux-c6x (s)	Temps d'encodage moyen pour une seule image sur le DSP C6678 avec SYS BIOS (s)	Gain (%)
BasketballPass	22	18,23	13,70	24,85
	27	16,09	11,83	26,48
	32	14,57	10,39	28,69
	37	13,35	9,32	30,19
BQSquare	22	22,72	16,74	26,32
	27	20,05	14,61	27,13
	32	17,97	12,71	29,27
	37	16,12	11,32	29,78
BlowingBubbles	22	22,25	16,53	25,71
	27	19,18	14,03	26,85
	32	16,71	11,90	28,79
	37	14,62	10,27	29,75
RaceHorses	22	20,48	15,45	24,56
	27	18,25	13,55	25,75
	32	16,71	11,77	29,56
	37	14,33	10,26	28,40
Moyenne		**17,60**	**12,77**	**27,43**

5.5.2 Optimisations système

L'environnement Code Composer studio (CCS) donne la possibilité d'appliquer diverses optimisations que ce soit à partir d'options de compilation du projet (Build options) ou bien à partir du fichier de configuration de SYS BIOS basé sur l'outil XDCtools [118] qui est un produit installé avec le CCS contenant tous les outils nécessaires pour utiliser les composants de SYS BIOS et la configuration de l'application.

5.5.2.1 Optimisations à partir du fichier de configuration SYS BIOS

Parmi les optimisations possibles qu'on peut les appliquer à partir du fichier de configuration de SYS BIOS on cite :

- Configuration de la carte mémoire du programme en termes d'allocation des sections

- Edition de la plateforme

Chaque programme C/C++ se compose de différentes parties appelées sections dont les noms se commencent par «.» comme l'indique la figure 5.14.

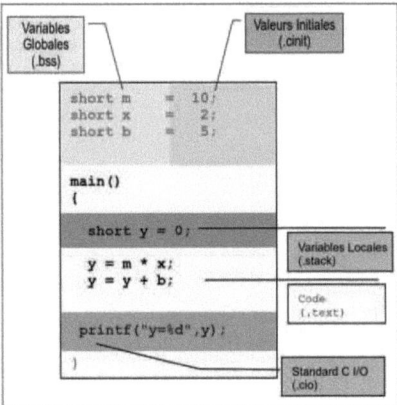

FIGURE 5.14 – Les sections mémoires d'un programme C

Durant la première implémentation de l'encodeur HEVC sur le DSP C6678 avec SYS BIOS, toutes les sections mémoire du programme ont été allouée dans la DDR3 afin d'éviter tout problème d'allocation mémoire puisque la taille de cette mémoire (512 Mo) est largement suffisante pour supporter la complexité de l'encodeur HEVC.

Afin d'optimiser cette implémentation, nous avons décidé d'exploiter la mémoire interne L2RAM de taille 512 Ko et la mémoire partagée MSMCSRAM de taille 4 Mo pour allouer certaines sections mémoire afin de bénéficier d'un accès plus rapide [119] aux données que la DDR3.

Par conséquent, comme présenté dans le tableau 5.3, la section « .text » indiquant le segment qui contient le code exécutable du programme est configurée dans la mémoire partagée puisque sa taille est d'environ 1 Mo. Le segment « heap », qui concerne tout ce qui est allocation dynamique, est gardé dans la mémoire DDR3 afin de supporter les allocations mémoire de grande taille. Les autres sections, comme la « .stack » par exemple qui contient les variables locales, sont allouées dans la mémoire interne L2RAM puisque leurs tailles ne dépassent pas 250 Ko.

En plus de la configuration de sections mémoires, le SYS BIOS donne la possibilité de configurer la plateforme utilisée à travers l'outil RTSC (Real Time Software Components) [120] de XDCtools. Par conséquent, afin d'optimiser notre implémentation, on a configuré une partie de la mémoire L2RAM comme cache permettant d'accélérer le traitement de données. Pour la première implémentation, la taille de la mémoire cache L2 était 0 Ko.

Tableau 5.3 – Configuration des sections mémoires à partir du fichier de configuration de SYS BIOS

Program.sectMap ["heap"]	= "DDR3" ;
Program.sectMap [".text"]	= "MSMCSRAM" ;
Program.sectMap [".far"]	= "L2SRAM" ;
Program.sectMap [".cinit"]	= "L2SRAM" ;
Program.sectMap [".rodata"]	= "L2SRAM" ;
Program.sectMap [".switch"]	= "L2SRAM" ;
Program.sectMap [".args"]	= "L2SRAM" ;
Program.sectMap [".bss"]	= "L2SRAM" ;
Program.sectMap [".neardata"]	= "L2SRAM" ;
Program.sectMap [".stack"]	= "L2SRAM" ;
Program.sectMap [".data"]	= "L2SRAM" ;
Program.sectMap [".cio"]	= "L2SRAM" ;
Program.sectMap [".vecs"]	= "L2SRAM" ;

Puisque sa taille totale est 512 Ko et sachant que certaines sections mémoires ont été allouées y dedans, on a fixé dans ce cas la taille de la cache L2 à 256 Ko comme l'indique la figure 5.15. Les mémoires L1D (mémoire données niveau 1) et L1P (mémoire programme niveau 1) sont toujours configurées comme cache de taille 32 Ko même pour la première implémentation avec SYS BIOS.

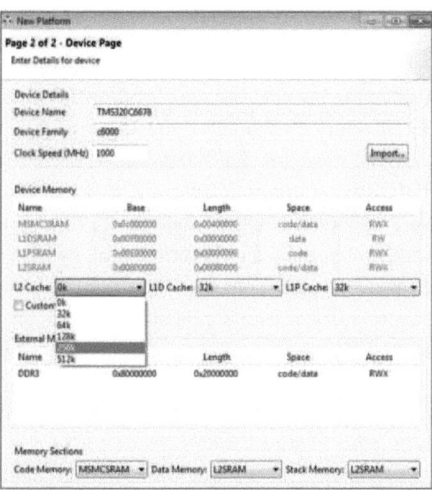

FIGURE 5.15 – Configuration de la mémoire cache à partir du fichier de configuration RTSC

5.5.2.2 Les options de compilation (Build options)

A travers l'environnement CCS, on peut fixer les options de compilation que le compilateur C6000 doit tenir compte au cours de compilation du code et génération de l'exécutable. Ainsi, nous avons fixé certaines options comme le suivant :

- Le mode de configuration : Release
- Le niveau d'optimisation « Optimization level (–opt_level,O) » : 3
- Le niveau d'optimisation du code « Optimize for code size (–opt_for_space,-ms) » : 3
- Le niveau de rapidité « Optimize for speed (–opt_for_speed, -mf) » : 5
- L'option « inline function called once –single_inline » : activée

Ceci permettra de générer un code bien optimisé au niveau du parallélisme et du pipeline software.

5.5.3 Les résultats expérimentaux avec un OS temps réel SYS BIOS

L'encodeur HEVC est exécuté sur le DSP C6678 en appliquant toutes les optimisations citées auparavant. Les mêmes conditions de test sont utilisées pour cette implémentation. Le tableau 5.4 présente une comparaison entre la version non optimisée et la version optimisée de l'encodeur HEVC sur le DSP C6678 en utilisant l'OS temps réel SYS BIOS. La performance est évaluée en termes de temps d'encodage des vidéos de classe D (416x240) pour différentes valeurs de QP.

Les résultats expérimentaux montrent bien que les optimisations appliquées ont assuré un gain important en temps d'encodage d'environ 48% par rapport à la version non optimisée. En effet, le temps d'encodage d'une image classe D est diminué de 12.7 secondes à 6.52 secondes en moyenne. En comparant cette dernière implémentation optimisée avec SYS BIOS par rapport à celle sur la BeagleBoard-xM, on constate bien une considérable amélioration. On a passé de 22,27 secondes à 6.52 secondes pour encoder une image de classe D en assurant un gain de 71% en moyenne. Malgré cette amélioration, on reste toujours loin du temps réel.

En résumant, notre travail consiste à préparer une version fonctionnelle et optimisée de l'encodeur HEVC sur un système embarqué. Cette version sera le point de départ pour les futurs travaux de recherche. On a réussi à exécuter l'encodeur HEVC sur un seul CPU sans toucher aux performances d'encodage que ce soit la qualité vidéo ou bien le débit binaire.

Afin d'améliorer le temps d'encodage, les travaux prochains peuvent se baser sur l'application de différentes optimisations que ce soient algorithmiques ou structurelles afin de réduire la complexité de calcul. Il sera aussi utile d'utiliser les instructions pragmas (MUST_ITERATE, UNROLL, INLINE etc) pour optimiser les boucles et les fonctions. En outre, une programmation de bas niveau en langage assembleur de quelques fonctions comme le SAD, SSE (Sum of Square Error), HAD (Transformée HADAMARD) pourrait aussi améliorer considérablement la vitesse d'encodage étant donné que ces fonctions se répètent plusieurs fois pour chaque CTU. Finalement, l'exploitation de l'architecture multicœur du DSP C6678 et la migration vers une implémentation parallèle pourrait être une solution intéressante pour accélérer la procédure d'encodage en réutilisant les travaux du chapitre précédent (chapitre 4).

Tableau 5.4 – Temps d'encodage (secondes) pour des vidéos de classe D (416x240) avec la version optimisée

Séquence de Classe D (416x240)	QP	Temps moyen pour 1 image sur le DSP C6678 avec SYS BIOS sans opt système(s)	Temps moyen pour 1 image sur le DSP C6678 avec SYS BIOS avec optimisation(s)	Gain (%)
BasketballPass	22	13,70	6,97	49,12
	27	11,83	6,07	48,69
	32	10,39	5,35	48,51
	37	9,32	4,81	48,39
BQSquare	22	16,74	8,46	49,46
	27	14,61	7,41	49,28
	32	12,71	6,51	48,78
	37	11,32	5,80	48,76
BlowingBubbles	22	16,53	8,26	50,03
	27	14,03	7,12	49,25
	32	11,90	6,10	48,74
	37	10,27	5,30	48,39
RaceHorses	22	15,45	7,86	49,13
	27	13,55	6,95	48,71
	32	11,77	6,06	48,51
	37	10,26	5,30	48,34
Moyenne		**12,77**	**6,52**	**27,43**

5.6 Conclusion

Le H264/AVC est le codec vidéo dominant aujourd'hui, mais il n'est pas très efficace lors du codage des vidéos de haute résolution 2k ou 8k (ultra HD). Pour soutenir les nouvelles applications nécessitant des images à haute résolution, la norme HEVC a été élaborée. Par rapport aux normes antérieures, le HEVC offre une vidéo de qualité similaire, à la moitié du débit binaire. Cette amélioration a nécessité l'utilisation des algorithmes plus complexes entraînant plus de difficultés aux développeurs d'assurer un encodage en temps réel surtout dans le domaine de l'embarqué.

Dans ce contexte, on a essayé par ce présent travail d'entamer l'implémentation de l'encodeur HEVC sur quelques systèmes embarqués. Le but est de préparer une solution fonctionnelle et optimisée pour qu'elle soit le point de départ des prochains travaux dans le domaine de développement des applications vidéo de haute performance sur des systèmes embarqués. On a proposé deux solutions embarquées pour l'encodeur HEVC. La première était sur la plateforme BeagleBoard-xM à base d'un processeur ARM Cortex A8 et la deuxième était sur le DSP C6678. On a exploité différents systèmes d'exploitation et différents compilateurs afin de générer un exécutable fonctionnel.

L'utilisation d'un OS temps réel SYS BIOS avec le DSP C6678 a donné les meilleurs résultats par rapport à l'utilisation d'un OS Linux embarqué que ce soit avec la BeagleBoard-xM ou bien avec le DSP C6678. Des optimisations ont été appliqués afin d'améliorer le temps d'encodage sans toucher aux performances d'encodage en termes de qualité vidéo et débit binaire.

Les résultats obtenus sont encourageants mais ils restent toujours loin du temps réel. Afin d'améliorer le temps d'encodage sur le DSP C6678, nous proposons pour les futurs travaux de faire une étude de complexité de l'encodeur HEVC en se basant sur un profilage temporel. Par la suite, selon cette étude, une programmation de bas niveau en assembleur pourrait être appliquée pour les modules les plus complexes. Aussi, nous suggérons de d'appliquer quelques optimisations algorithmes comme des algorithmes de décision rapide afin de réduire la complexité d'encodage tout en essayant de maintenir une bonne performance d'encodage. Finalement, passer à une implémentation multicœur sur le DSP C6678 pourrait être une solution intéressante pour paralléliser le traitement et accélérer l'encodage.

Conclusion générale

Durant ces dernières années, les systèmes embarqués multimédia sont devenus un produit de grand public. Ils sont présent partout : dans les TV numériques, les terminaux de communication sans fil, l'automobile, les usines, les systèmes de vidéo-conférence et de vidéosurveillance etc. Avec l'avènement de la technologie VLSI, ces systèmes embarqués deviennent de plus en plus performants en termes de puissance de calcul et consommation d'énergie. En effet, les fréquences actuelles de processeurs embarqués peuvent atteindre et même dépasser le 1 GHz. En outre, les nouveaux systèmes embarqués sont dotés de la la technologie multicœur afin de supporter les nouvelles contraintes exigées par les applications multimédia de haute performance. Quant à cette évolution de la technologie des systèmes embarqués, les applications multimédia deviennent de plus en plus complexes. En effet, à l'échelle des applications vidéo, la haute définition devient la résolution la plus utilisée ce qui a engendré des contraintes supplémentaires au niveau de traitement.

Face à cette migration vers la HD, des normes de codage vidéo ont été élaborées afin de réduire la grande quantité des données à transmettre, minimiser le coût de stockage et surmonter la limitation de la bande passante de transmission. Parmi ces normes, nous avons étudié les deux plus récentes, la norme H264/AVC et la norme HEVC. Ces deux normes garantissent un taux de compression élevé par rapport aux normes précédentes tout en assurant une excellente qualité visuelle. Cependant, cette performance de codage vient avec une grande complexité de calcul surtout avec la résolution HD ce qui rend difficile de satisfaire la contrainte d'encodage en temps réel par certains systèmes embarqués. Dans ce contexte intervient ce travail. Le but est d'exploiter la nouvelle génération des systèmes embarqués pour concevoir tout d'abord un encodeur vidéo H264/AVC embarqué de résolution HD fonctionnant en temps réel 25 f/s. Ensuite, travailler avec la nouvelle norme HEVC pour préparer un encodeur HEVC embarqué qui sera un point de départ pour les travaux de recherche ultérieurs.

Afin de réaliser ce travail, les DSP multicœurs de TI ont été choisis. Concernant l'encodeur H264/AVC, l'idée était d'exploiter le parallélisme potentiel existant dans cet encodeur afin d'accélérer le traitement et assurer un encodage en temps réel pour des vidéos HD. Pour cela, nous avons commencé par assurer une implémentation optimisée sur un seul cœur DSP avant de passer à une implémentation parallèle multicœur. Le DSP TMS320C6472, comportant six cœurs DSP de fréquence 700MHz, a été choisi en premier lieu pour exécuter l'encodeur H264/AVC développé au sein du laboratoire LETI. La première version de cet encodeur sur un seul cœur DSP TMS320C6472 a donné une vitesse d'encodage de 14,38 f/s pour la résolution CIF (352x288).

Différentes techniques d'optimisation ont été proposées afin d'améliorer la performance de cet encodeur. Des optimisations ont été appliquées au niveau des allocations mémoire et au niveau des structures de données. Ces optimisations ont assuré un gain de 36,02% en temps d'encodage tout en arrivant à une vitesse de 19,56 f/s. L'activation de la mémoire cache ainsi que l'exploitation du contrôleur EDMA pour masquer le processus d'encodage avec le processus de lecture/écriture de données ont permis d'améliorer la vitesse d'encodage à 21,9 f/s.

Un algorithme de décision rapide pour le module d'intra prédiction, basé sur le résultat d'inter prédiction, a été proposé pour améliorer encore la vitesse d'encodage. Cet algorithme a permis d'atteindre le temps réel 25 f/s pour la résolution CIF sur un seul cœur DSP sans dégrader la performance d'encodage en termes de qualité vidéo et débit binaire. Cependant, les vitesses d'encodage pour des vidéos SD et HD restent encore loin du temps réel (7,13 f/s pour la résolution SD et 2,69 pour la HD).

La migration vers une implémentation multicœur a été indispensable. Un état de l'art a été établi sur le parallélisme au sein de l'encodeur H264/AVC ainsi que les différentes approches de partitionnement possibles. En se basant sur les avantages et les inconvénients de chaque technique de partitionnement par rapport à notre plateforme, un partitionnement de données, basé sur les approches « Frame Level Parallelism » et « GOP Level Parallelism », a été choisi. L'encodeur H264/AVC a été parallélisé selon ces deux techniques sur six cœurs DSP C6472.

Une démonstration d'encodage vidéo a été réalisée tenant compte de l'acquisition de la vidéo à partir d'une camera HD, envoie des images RAW par Ethernet au DSP, encodage multicœur, envoie du bitstream sur le réseau et le sauvegarde dans un fichier. La fameuse technique de buffers ping pong coté DSP avec l'approche multithreading coté interface d'acquisition d'images (PC) ont été exploitées afin de réduire le coût de communication.

L'implémentation multicœur de l'encodeur H264/AVC sur six cœurs DSP C6472 a permis d'atteindre une vitesse très importante pour la résolution CIF tout en assurant également un encodage en temps réel pour la résolution SD (720x480). Les vitesses d'encodage obtenues sont d'environ 117 f/s et 34 f/s respectivement pour la résolution CIF et SD en appliquant l'approche « GOP Level Parallelism ». En contrepartie, cette implémentation n'a pas réussi à assurer un encodage en temps réel pour la résolution HD (1280x720). En effet, la vitesse obtenue pour cette résolution est d'environ 11,71 f/s. Par conséquent, l'utilisation d'un autre DSP plus puissant a été notre deuxième choix pour valider l'objectif d'avoir un encodage en temps réel 25 f/s pour la résolution HD.

Le DSP TMS320C6678 de la dernière génération de DSP multicœurs de TI appartenant à la famille KeyStone et comportant huit cœurs DSP de fréquence 1 GHz a été choisi. Les mêmes approches de partitionnement, appliquées avec le DSP C6472, ont été réappliquées avec le DSP C6678. La haute puissance de calcul de ce DSP a permis de satisfaire la contrainte d'encodage en temps réel pour la résolution HD. La vitesse d'encodage obtenue est d'environ 26 f/s avec l'approche « Frame Level Parallelism » et d'environ 28,8 f/s avec l'approche « GOP Level Parallelism ».

En validant notre objectif pour l'encodeur H264/AVC et parallèlement avec l'apparition de la nouvelle norme HEVC, nous avons décidé d'entamer l'implémentation de l'encodeur HEVC sur quelques systèmes embarqués. La plateforme BeagleBoard-xM, basée sur un processeur ARM CortexA8, et le DSP C6678 ont été utilisés pour exécuter cet encodeur.

Différents OS embarqués comme Linux Angstrom, Linux-c6x et SYS BIOS avec différents compilateurs (μclinux-c6x, C6000 compiler) ont été utilisés pour aboutir à une solution embarquée de l'encodeur HEVC. Comme premier travail, nous avons réussi à faire fonctionner cet encodeur sur les deux plateformes utilisées malgré la limitation de leurs ressources matérielles face à la très haute complexité du standard HEVC. Les premiers résultats obtenus pour l'encodeur HEVC en termes de temps d'encodage sont 22,27 secondes pour encoder une image de classe D (416x240) sur la plateforme BeagleBoard-xM et 6,52 secondes sur un seul cœur DSP C6678.

Pour faire suite à ce travail, nous proposons comme perspectives de réutiliser notre méthodologie d'implémentation parallèle de l'encodeur H264/AVC afin d'améliorer la vitesse d'encodage de l'encodeur HEVC. Nous suggérons également de faire recours à la méthodologie de prototypage rapide, Adéquation Algorithme Architecture (AAA), pour le partitionnement de l'encodeur HEVC sur des plateformes multicœurs comme le DSP C6678. Nous proposons d'utiliser un outil logiciel, basé sur la théorie de graphe comme SynDEx ou Preesm, pour assurer une implémentation parallèle optimisée fonctionnant en temps réel pour des vidéos HD sur des architectures multi-composants.

Références

[1] Draft ITU-T Recommendation and Final Draft International Standard of Joint Video Specification, "Advanced video coding for generic audiovisual services," Joint Video Team (JVT), Février 2014.
http ://www.itu.int/rec/T-REC-H.264-201402-I/en

[2] Les organisations internationales de standardisation, http ://www.itu.int/en /ITU-T/ipr/Pages/policy.aspx

[3] B.Bross, W.-J.Han, J.-R.Ohm, G.J.Sullivan, Y.-K.Wang, T. Wiegand, "High Efficiency Video Coding (HEVC) text specification draft 10," Document : JCTVC-L1003-v34, 12th Meeting : Geneva, CH, 14–23 Jan. 2013.

[4] Flynn, M. J., "Very high-speed computing systems," Proceedings of the IEEE, vol. 54, no 12, p. 1901-1909, 1966.

[5] Intel Hyper-Threading Technology Technical User's Guide, january 2003 : http ://www.utdallas.edu/edsha/parallel/2010S/Intel-HyperThreads.pdf

[6] Ronak Singhal, "Inside IntelCore™ Microarchitecture (Nehalem)" August 2008 : http ://www.hotchips.org/wp-content/uploads/hc_archives/hc20/3_Tues/ HC20.26.630.pdf

[7] Multicore Fixed and Floating-Point Digital Signal Processor, Check for Evaluation Modules (EVM) : TMS320C6678, SPRS691E, November 2010 Revised March 2014.

[8] Le Cortex-A72 : http ://www.arm.com/products/processors/cortex-a/cortex-a72-processor.php, 2015

[9] CoreLink CCI-500 Cache Coherent Interconnect platforme : http ://www.arm.com/products/system-ip/interconnect/corelink-cci-500.php

[10] Principes fondamentaux du FPGA :
http ://www.ni.com/white-paper/6983/fr/

[11] Wolf, W. ; Jerraya, A.A. ; Martin, G., "Multiprocessor System-on-Chip (MP-SoC) Technology," Computer-Aided Design of Integrated Circuits and Systems, IEEE Transactions on , vol.27, no.10, pp.1701,1713, Oct. 2008

[12] Soclib project : [Online].Available : http ://www.soclib.fr/trac/dev : Accessed juin 2015.

[13] Michael R. Marty, "Cache coherence techniques for multicore processors," university of Wisconsin, Madison, 2008.

[14] Stéphane Vialle, "Mesure et analyse de performances," 3A-SI – Programmation parallèle.
http ://www.metz.supelec.fr/metz/personnel/vialle/course
/SI-PP/notes-de-cours-specifiques/PP-04-Performances-6spp.pdf

[15] Peter C. Chapin, "pthread Tutorial," August 31, 2008.

[16] Mohamed Akil, Ramzi Mahmoudi, "Programation Parallele," Ateliers Pratiques, Amina Workshop 2010.
http ://fr.slideshare.net/ramzim/amina-2010-workshop-slides-final-version.

[17] Intel(R) Threading Building Blocks, Reference Manual, Document Number 315415-016US, 20 jan 2012.

[18] William Gropp, "Tutorial on MPI : The Message-Passing Interface ," Mathematics and Computer Science Division, Argonne National Laboratory, University of CHICAGO.

[19] Wojciech Rytter, Aris Pagourtzis, "Parallel/Distributed Comuting Using Parallel Virtual Machine," University of Liverpool, Departement of Computer Science, [Online].Available : http ://cgi.csc.liv.ac.uk/ igor/COMP308/ppt/Lect_22.pdf

[20] Introduction to OpenClTM programming Trainning Guide ; publication # :137-41768-10 Rev :A May 2010.

[21] Cyril Zeller, NVIDIA Corporation, "CUDA C/C++ Basics," Supercomputing 2011 Tutorial.

[22] BIOS MCSDK 2.0 Getting Started Guide : http ://processors.wiki.ti.com /index.php/BIOS_MCSDK_2.0_Getting_Started_Guide.

[23] 3L Diamond http ://www.3l.com/help/HTML/index.html

[24] Thierry Grandpierre, Mohamed Akil, Pierre Niang, "Mixing SynDEx & SynDEx-IC," http ://bib.rilk.com/1959/01/Thierry_Grandpierre.pdf

[25] Oussama FEKI, "Contribution A L'implantation Optimisée D'estimateurs De Mouvement De La Norme H264 Sur Plates-formes Multi Composants Par Extension de La Methodologie AAA," Thèse de Doctorat, Universités de Sfax et Paris-Est Marne-la-Vallée, Mai 2015.

[26] Karol Desnos, "Memory Study and Dataflow Representations for Rapid Prototyping of Signal Processing Applications on MPSoCs," Thèse INSA Rennes, université européene de Bretagne, soutenue le 26-09-2014.

[27] Presentation de PREESM, [Online].Available : http ://preesm.sourceforge.net/website/index.php ?id=preesm-presentation

[28] Pelcat, M. ; Desnos, K. ; Heulot, J. ; Guy, C. ; Nezan, J.-F. ; Aridhi, S., 'Preesm : A dataflow-based rapid prototyping framework for simplifying multicore DSP programming,' Education and Research Conference (EDERC), 2014 6th European Embedded Design in , vol., no., pp.36,40, 11-12 Sept. 2014

[29] Nejmeddine Bahri, Imen Werda, Amine Samet, Mohamed Ali Ben Ayed, Nouri Masmoudi, "Fast Intra Mode Decision Algorithm for H264/AVC HD Baseline Profile Encoder," International Journal of Computer Applications (0975 – 8887) Volume 37– No.6, January 2012.

[30] Imen Werda, Haithem Chaouch, Amine Samet, Mohamed Ali Ben Ayed, Nouri Masmoudi, "Optimal DSP-Based Motion Estimation Tools Implementation For H.264/AVC Baseline Encoder," IJCSNS International Journal of Computer Science and Network Security, VOL.7 No.5, May 2007.

[31] A. Ben Atitallah, H. Loukil, N. Masmoudi, " FPGA DESIGN FOR H.264/AVC ENCODER," International Journal of Computer Science, Engineering and Applications (IJCSEA) Vol.1, No.5, October 2011.

174

[32] Bao Guoxing ; Hu Honghua, "An Optimized Method of Inter Modes Selection in H.264/AVC," Intelligence Information Processing and Trusted Computing (IPTC), 2010 International Symposium on , vol., no., pp.611,614, 28-29 Oct. 2010.

[33] Yuan Gao, Peng-yu Liu, Ke-bin Jia," A Fast Motion Estimation Algorithm Based on Motion Vector Distribution Prediction," Journal of Software, Vol 8, No 11 (2013), 2863-2870, Nov 2013.

[34] Ismail, Y. ; McNeely, J.B. ; Shaaban, M. ; Mahmoud, H. ; Bayoumi, M.A, "Fast Motion Estimation System Using Dynamic Models for H.264/AVC Video Coding," Circuits and Systems for Video Technology, IEEE Transactions on , vol.22, no.1, pp.28,42, Jan. 2012.

[35] Changnian Chen, Jiazhong Chen, Tao Xia, Zengwei Ju, Lai-Man Po, "An improved hybrid fast mode decision method for H.264/AVC intra coding with local information," Multimedia Tools and Applications, Springer US, 2014, 72, 687-704.

[36] Abderrahmane Elyousfi, "An Improved Fast Mode Decision Method for H.264/AVC Intracoding," Advances in Multimedia, vol. 2014, Article ID 621680, 8 pages, 2014.
doi :10.1155/2014/621680

[37] Ndili, O. ; Ogunfunmi, T., "Algorithm and Architecture Co-Design of Hardware-Oriented, Modified Diamond Search for Fast Motion Estimation in H.264/AVC," Circuits and Systems for Video Technology, IEEE Transactions on , vol.21, no.9, pp.1214,1227, Sept. 2011.

[38] H. Loukil, I. Werda, N. Masmoudi, A. Ben Atitallah, P. Kadionik, "FPGA Design of an Intra 16 × 16 Module for H.264/AVC Video Encoder," International Journal of Circuits and Systems 2010, pp 18-29.

[39] Kthiri, M. ; Kadionik, P. ; Levi, H. ; Loukil, H. ; Ben Atitallah, A ; Masmoudi, N., "A parallel hardware architecture of deblocking filter in H264/AVC," Electronics and Telecommunications (ISETC), 2010 9th International Symposium on , vol., no., pp.341,344, 11-12 Nov. 2010.

[40] H. Loukil, A. Ben Atitallah, N. Masmoudi, "FPGA DESIGN FOR H.264/AVC ENCODER," International Journal of Computer Science, Engineering and Applications 2011.

[41] Wajdi Elhamzi, Julien Dubois, Johel Miteran, Mohamed Atri, Barthelemy Heyrman, Dominique Ginhac, Efficient smart-camera accelerator : A configurable motion estimator dedicated to video codec, Journal of Systems Architecture, Volume 59, Issue 10, Part A, November 2013, Pages 870-877, ISSN 1383-7621

[42] Werda, I. ; Kossentini, F. ; Ayed, M. A. B. & Massmoudi, N. "Analysis and Optimization of UB Video's H.264 Baseline Encoder Implementation on Texas Instruments' TMS320DM642 DSP," Image Processing, IEEE International Conference, 2006, 3277-3280

[43] Min Zheng ; Ali, Falah H., "DSP implementation of on-board distributed video coding," Education and Research Conference (EDERC), 2010 4th European , vol., no., pp.250,254, 1-2 Dec. 2010.

[44] Zhibin Xiao, Stephen Le and Bevan Baas," A Fine-grained Parallel Implementation of a H.264/AVC Encoder on a 167-processor Computational Platform," ACSSC 2011 – Pacific Grove, CA, 2011.

[45] Hajer Krichene Zrida, Ahmed C. Ammari, Abderrazek Jemai, Mohamed Abid,"High Level Optimized Parallel Specification of a H.264/AVC Video Encoder," International Journal of Computing & Information Sciences Vol. 9, No. 1, Pages 34 – 46 April 2011.

[46] Ines Viskic, Daniel Gajski, "Modeling Kahn Process Networks on MPSoC Platforms," Technical Report CECS-08-08, July 11th, 2008.

[47] Ming-Jiang Yang ; Jo-Yew Tham ; Rahardja, S. ; Da-Jun Wu, "Real-time H.264 encoder implementation on a low-power digital signal processor," Multimedia and Expo, 2009. ICME 2009. IEEE International Conference on , vol., no., pp.1150,1153, June 28 2009-July 3 2009

[48] Seongmin Jo, Song Hyun Jo, Yong Ho Song, "Exploring parallelization techniques based on OpenMP in H.264/AVC encoder for embedded multi-core processor," Journal of Systems Architecture, Volume 58, Issue 9, October 2012, Pages 339-353.

[49] S.Sankaraiah, H.S.Lam, C.Eswaran and Junaidi Abdullah, "GOP Level Parallelism on H.264 Video Encoder for Multicore Architecture," International Conference on Circuits, System and Simulation IPCSIT vol.7 IACSIT Press, Singapore 2011.

[50] S. Sankaraiah ,Lam Hai Shuan, C. Eswaran and Junaidi Abdullah , "Performance Optimization of Video Coding Process on Multi-Core Platform Using Gop Level Parallelism" International Journal of Parallel Programming,ISSN :1573-7640, DOI 10.1007/s10766-013-0267-4, September2013.

[51] H264/AVC software Joint Model JM, [Online].Available :
http ://iphome.hhi.de/suehring/tml/download/old_jm/

[52] Rodriguez, A. ; Gonzalez, A. ; Malumbres, M.P., "Hierarchical Parallelization of an H.264/AVC Video Encoder," Parallel Computing in Electrical Engineering, 2006. PAR ELEC 2006. International Symposium on , vol., no., pp.363,368, 13-17 Sept. 2006

[53] Fang Ji ; Xing-yuan Li ; Chang-long Yang, "An Algorithm Based on AVS Encoding on FPGA Multi-Core Pipeline," Computational and Information Sciences (ICCIS), 2013 Fifth International Conference on , vol., no., pp.1521,1524, 21-23 June 2013.

[54] Zhuo Zhao ; Ping Liang, "A Highly Efficient Parallel Algorithm for H.264 Video Encoder," Acoustics, Speech and Signal Processing, 2006. ICASSP 2006 Proceedings. 2006 IEEE International Conference on , vol.5, no., pp.V,V, 14-19 May 2006.

[55] Yen-Kuang Chen ; Tian, X. ; Steven Ge ; Girkar, M., "Towards efficient multi-level threading of H.264 encoder on Intel hyper-threading architectures," Parallel and Distributed Processing Symposium, 2004. Proceedings. 18th International , vol., no., pp.63,, 26-30 April 2004.

[56] Olli Lehtoranta, Timo Hämäläinen, Ville Lappalainen, Juha Mustonen, "Parallel implementation of video encoder on quad DSP system," Microprocessors and Microsystems, Volume 26, Issue 1, Pages 1-15, 25 February 2002.

[57] António Rodrigues, Nuno Roma, and Leonel Sousa," p264 : Open Platform for Designing Parallel H.264/AVC Video Encoders on Multi-Core Systems," NOSS-DAV '10 Proceedings of the 20th international workshop on Network and operating systems support for digital audio and video Pages 81-86, Amsterdam, The Netherlands, 2010.

[58] Sun, S. ; Wang, D. _ Chen, S. Perrott, R. ; Chapman, B. ; Subhlok, J. ;

Mello, R. & Yang, L. (Eds.), "A Highly Efficient Parallel Algorithm for H.264 Encoder Based on Macro-Block Region Partition," High Performance Computing and Communications, Springer Berlin Heidelberg, 2007, 4782, 577-585.

[59] Shenggang Chen ; Shuming Chen ; Huitao Gu ; Hu Chen ; Yaming Yin ; Xiaowen Chen ; Shuwei Sun ; Sheng Liu ; Yaohua Wang, "Mapping of H.264/AVC Encoder on a Hierarchical Chip Multicore DSP Platform," High Performance Computing and Communications (HPCC), 2010 12th IEEE International Conference on , vol., no., pp.465,470, 1-3 Sept. 2010.

[60] Bruno Alexandre de Medeiros, "Video coding on multicore graphics processors (GPUs)," Dissertation submitted to obtain the Master Degree in Information Systems and Computer Engineering, High Institute of Techniques, Technical University of Lisboa, November 2012.

[61] I. Werda, H. Chaouch, A. Samet, M. Ben Ayed and N. Masmoudi, Optimal DSP-Based Motion Estimation Tools Implementation For H.264/AVC Baseline Encoder, IJCSNS International Journal of Computer Science and Network Security, VOL.7 No.5, May 2007.

[62] J. Waerdt, G. A. Slavenburg, J. V. Itegem, and S. Vassiliadis Motion estimation performance of the TM3270 processor, Proceedings of the 2005 ACM symposium on Applied computing (SAC '05), Lorie M. Liebrock (Ed.).

[63] R. Vani, M. Sangeetha, Survey on H.264 Standard, Advances in Computer Science and Information Technology, Lecture Notes of the Institute for Computer Sciences, Social Informatics and Telecommunications Engineering, Springer, Volume 86, 2012, pp 397-410.

[64] D. Lin, C. Yang, H.264/AVC Video Encoder Realization and Acceleration on TI DM642 DSP, Advances in Image and Video Technology Lecture Notes in Computer Science Springer Berlin Heidelberg, Volume 5414, 2009, pp 910-920.

[65] H. Lin, Y, W. K. T. Cheng, Sh. Y. Yeh, W. N. Chen, C. Y. Tsai, T. Sh. Chang, H. M. Hang, Algorithms and DSP implementation of H.264/AVC, Design Automation, 2006. Asia and South Pacific Conference, vol., no., pp.8 pp., 24-27 Jan. 2006.

[66] W. Lee, H. Choi, W. Sung, Algorithm and Software Optimization of Variable Block Size Motion Estimation for H.264/AVC on a VLIW–SIMD DSP, Journal of

Signal Processing Systems, June 2008, Volume 51, Issue 3, pp 289-302.

[67] I. Werda, F. Kossentini, M. Ben Ayed, N. Massmoudi, Analysis and Optimization of UB Video's H.264 Baseline Encoder Implementation on Texas Instruments' TMS320DM642 DSP, Image Processing, 2006 IEEE International Conference, vol., no., pp.3277-3280, 8-11 Oct. 2006.

[68] M. R. Mohammadnia, H. Taheri, S. A Motamedi, Implementation and Optimization of Real-Time H.264/AVC Main Profile Encoder on DM648 DSP, Signal Acquisition and Processing, 2009. ICSAP. International Conference, pp.48-52, 3-5 April 2009.

[69] T. Damak, I. Werda, A. Samet, N. Masmoudi, DSP CAVLC implementation and optimization for H.264/AVC baseline encoder, Electronics, Circuits and Systems, 2008. ICECS 2008. 15th IEEE International Conference, vol., no., pp.45-48, Aug. 31 2008-Sept. 3 2008.

[70] Z. Li, Q. Xing, X. Zhu, H.264 video encoder implementation and optimization based on DM642 DSP, Networking, Sensing and Control, 2008. ICNSC 2008. IEEE International Conference, vol., no., pp.891-894, 6-8 April 2008.

[71] TMS320C6472 datasheet [Online].Available :
http ://www.ti.com/lit/ds/sprs612g/sprs612g.pdf.

[72] Multicore DSP vs GPUs, [Online].Available :
http ://www.sagivtech.com/contentManagment/uploadedFiles/
fileGallery/Multi_core_DSPs_vs_GPUs_TI_for_distribution.pdf

[73] TMS32C6472 low power consuption, [Online].Available :
http ://www.ti.com/lit/wp/spry130/spry130.pdf

[74] TMS320C6472/TMS320TCI648x DSP Enhanced DMA (EDMA3) Controller, [Online].Available : http ://www.ti.com/lit/ug/spru727e/spru727e.pdf

[75] TMS320C6472 Chip Support Library API reference Guide. http ://software-dl.ti.com/sdoemb/sdoemb_public_sw/csl/CSL_C6472/latest/index_FDS.html

[76] Jun Sung Park and Hyo Jung Song, "Fast selective intra mode decision H.264/AVC," IEEE Consumer Communications and Networking Conference 2006.3rd, Vol.2, pp.1068-1072 Jan. 2006.

[77] Chao-Chung Cheng and Tian-Sheuan Chang, "Fast Three Step Intra Prediction Algorithm for 4x4 blocks in H.264," Proc. IEEE Canadian Conference on Electrical and Computer Engineering, pp1981-1984, 2003.

[78] Yi-Hsin Huang, Tao-Sheng Ou, and Homer H. Chen, "Fast Decision of Block Size, Prediction Mode, and Intra Block for H.264 Intra Prediction," IEEE transactions on circuits and systems for video technology, Vol.20, No.8, august 2010.

[79] Kan Chang, Aidong Men, and Wenhao Zhang, "Fast Intra-prediction Mode Decision for H.264/AVC," ISECS International Colloquium on Computing, Communication, Control, and Management, 2009.

[80] Do Quan and Yo-Sung Ho, "Categorization for Fast Intra Prediction Mode Decision in H.264/AVC," IEEE Transactions on Consumer Electronics, Vol. 56, No. 2, May 2010.

[81] Mohammed Golam Sarwer and Q. M. Jonathan Wu, "Improved Intra Prediction of H.264/AVC," Effective Video Coding for Multimedia Applications, Sudhakar Radhakrishnan (Ed.), ISBN : 978-953-307-177-0, InTech (2011).

[82] ÖZGÜ ALAY, "Fast intra/inter mode decision for a real-time H.264 streaming system," A thesis submitted to the graduate school of natural and applied sciences of Middle East technical university (2006).

[83] Byeongdu La, Minyoung Eom, Yoonsik Choe, "Dominant edge direction based fast intra mode decision in the H.264/AVC encoder," Journal of Zhejiang University SCIENCE A, Volume 10, Issue 6, pp 767-777, June 2009.

[84] F. Pan, X. Lin, S. Rahardja, K. P. Lim, Z. G. Li, D. Wu, and S. Wu, "Fast mode decision algorithm for intra prediction in H.264/AVC video coding," IEEE Transactions on Circuits and Systems for Video Technology, vol. 15, no. 7, pp. 813-822, July 2005.

[85] David Bell, Greg Wood, "Multicore Programming Guide," SPRAB27A-August 2009

[86] TMS320C6472 Chip Support Library API reference Guide [Online].Available : http ://software-dl.ti.com/sdoemb/sdoemb_public_sw/csl/CSL_C6472/latest/index_FDS.html

[87] TI Network Developer's Kit (NDK) v2.21 User's Guide, [Online].Available :
http ://www.ti.com/lit/ug/spru523h/spru523h.pdf

[88] Open source computer vision library, [Online].Available : http ://opencv.org/

[89] Getting Started with Winsock, online available : https ://msdn.microsoft.com
/en-us/library/windows/desktop/ms738545(v=vs.85).aspx

[90] 'C6678 power spreadsheet', http ://www.ti.com/lit/zip/sprm545,
accessed october 2014

[91] 'Power Consumption Summary for KeyStone C66x Devices', [Online].Available :
http ://www.ti.com/lit/an/sprabi5a/sprabi5a.pdf, accessed october 2014

[92] 'C6678 Power spreadsheet', [Online].Available :
http ://e2e.ti.com/support/dsp/c6000_multi-core_dsps/f/639/t/171805.aspx

[93] 'Multicore DSP Vs GPUs', [Online].Available :
http ://www.sagivtech.com/contentManagment/uploadedFiles/fileGallery
/Multi_core_
DSPs_vs_GPUs_TI_for_distribution.pdf

[94] Huayou Su, Mei Wen, Nan Wu, Ju Ren, and Chunyuan Zhang, "Efficient
Parallel Video Processing Techniques on GPU : From Framework to Implementation," The Scientific World Journal, vol. 2014, Article ID 716020, 19 pages, 2014.

[95] Jetson/Jetson TK1 Power, [Online].Available :
http ://elinux.org/Jetson/Jetson_TK1_Power

[96] JCTVC-S1002, "High Efficiency Video Coding (HEVC) Test Model 16 (HM
16) Improved Encoder Description", 19th JCT-VC meeting, Strasbourg, FR, 17 Oct.
–24 Oct. 2014, http ://phenix.int-evry.fr/jct/

[97] Qin Yu ; Liang Zhao ; Siwei Ma, "Parallel AMVP candidate list construction
for HEVC," Visual Communications and Image Processing (VCIP), 2012 IEEE ,
vol., no., pp.1,6, 27-30 Nov. 2012 doi : 10.1109/VCIP.2012.6410775

[98] Muchen Li ; Chono, K. ; Goto, S., "Low-complexity merge candidate decision
for fast HEVC encoding," Multimedia and Expo Workshops (ICMEW), 2013 IEEE

International Conference on , vol., no., pp.1,6, 15-19 July 2013 doi : 10.1109/IC-MEW.2013.6618409

[99] Fatma Belghith, Hassan Kibeya, Hassen Loukil, Mohamed Ali Ben Ayed, Nouri Masmoudi, "A new fast motion estimation algorithm using fast mode decision for high-efficiency video coding standard," Journal of Real-Time Image Processing, February 2014.

[100] V. Sze ; M. Budagavi, "High Throughput CABAC Entropy Coding in HEVC," IEEE Transactions on Circuits and Systems for Video Technology. Retrieved 2013-01-13.

[101] Tung, Nguyen ; Philipp, Helle ; Martin, Winken ; Benjamin, Bross ; Detlev, Marpe ; Heiko, Schwarz ; Thomas, Wiegand, "Transform Coding Techniques in HEVC," Journal of Selected Topics in Signal Processing 7 : 978–989, Dec 2013.

[102] Tung, Nguyen ; Detlev, Marpe ; Heiko, Schwarz ; Thomas, Wiegand, "Reduced-Complexity Entropy Coding of Transform Coefficient Levels Using Truncated Golomb-Rice Codes in Video Compression," 18th IEEE International Conference on Image Processing, 2011.

[103] HEVC Test Model : [Online].Available :
https ://hevc.hhi.fraunhofer.de/svn/svn_HEVCSoftware/tags/

[104] F. Bossen, "Common HM test conditions and software reference configurations", JCTVC-L1100, February 2013.

[105] C. Rosewarne, K. Sharman, D. Flynn, "Common test conditions and software reference configurations for HEVC range extensions", JCTVC-P1006, January 2014.

[106] BeagleBoard-xM Rev C system Reference Manual, [Online].Available :
http ://beagleboard.org/static/BBxMSRM_latest.pdf

[107] BeagleBoard-xM features, [Online].Available :
https ://www.packtpub.com/books/content/introducing-beagleboard.

[108] Booting Linux on BeagleBoard-xM, [Online].Available :
http ://www.ibm.com/developerworks/linux/library/l-beagleboard-xm/

[109] L'outil Minicom, [Online].Available : http ://doc.ubuntu-fr.org/minicom

[110] TMS320C6000 Optimizing Compiler v7.6 User's Guide, Literature Number : SPRU187V March 2014, [Online].Available :
http ://www.ti.com.cn/cn/lit/ug/spru187v/spru187v.pdf.

[111] Pescador, F. ; Cano, J.P. ; Garrido, M.J. ; Juarez, E. ; Raulet, M., "A DSP HEVC decoder implementation based on OpenHEVC," Consumer Electronics (ICCE), 2014 IEEE International Conference, pp.61,62, 10-13 Jan. 2014.

[112] Linux-c6x-2.0-GA User Guide, [Online].Available : http ://linux-c6x.org/files/releases/linux-c6x-2.0.0.63/linux-c6x-2.0.0.63-users-guide.pdf

[113] Cross comiplateur uclinux-c6x, [Online].Available :
https ://sourcery.mentor.com/GNUToolchain/release1882

[114] NFS configuration, [Online].Available :
http ://doc.ubuntu-fr.org/tutoriel/un_simple_partage_nfs

[115] Code Composer Studio (CCS) Integrated Development Environment (IDE) [Online].Available : http ://www.ti.com/tool/CCSTUDIO

[116] Executable and Linkable Format (ELF), [Online].Available :
http ://flint.cs.yale.edu/cs422/doc/ELF_Format.pdf

[117] Common Object File Format, SPRAAO8–April 2009, [Online].Available :
http ://www.ti.com/lit/an/spraao8/spraao8.pdf

[118] XDCtools User's guide, [Online].Available :
http ://rtsc.eclipse.org/docs-tip/XDCtools_User%27s_Guide#Getting_started

[119] Throughput Performance Guide for C66x KeyStone Devices, SPRABK5A1 —July 2012, [Online].Available : http ://www.ti.com/lit/an/sprabk5a/sprabk5a.pdf

[120] Real-Time Software Components (RTSC), [Online].Available :
https ://wiki.eclipse.org/DSDP/RTSC